短视频制作与营销全攻略

侯凤菊◎著

九州出版社
JIUZHOUPRESS

图书在版编目（CIP）数据

短视频制作与营销全攻略 / 侯凤菊著 . -- 北京 :
九州出版社 , 2021.8
ISBN 978-7-5225-0384-4

Ⅰ . ①短… Ⅱ . ①侯… Ⅲ . ①视频制作 ②网络营销
Ⅳ . ① TN948.4 ② F713.365.2

中国版本图书馆 CIP 数据核字（2021）第 157911 号

短视频制作与营销全攻略

作　　者　侯凤菊　著
责任编辑　李　品　周　春
出版发行　九州出版社
地　　址　北京市西城区阜外大街甲 35 号（100037）
发行电话　（010）68992190/3/5/6
网　　址　www.jiuzhoupress.com
印　　刷　三河市德贤弘印务有限公司
开　　本　710 毫米 ×1000 毫米　16 开
印　　张　15.75
字　　数　201 千字
版　　次　2022 年 1 月第 1 版
印　　次　2022 年 1 月第 1 次印刷
书　　号　ISBN 978-7-5225-0384-4
定　　价　56.00 元

前言

目前，我国各短视频平台累计用户已经超过 8 亿（《中国视频社会化趋势报告（2020）》），这是一个庞大的数字，短视频改变了人们获取与传播信息的方式，让大众生活更加丰富多彩。

短视频不仅是传播信息的媒介与平台，更是一个巨大的流量池，能引来流量和粉丝，能引流变现。

看到别人充满创意、活泼有趣、引人深思的短视频，见识到短视频强大的“带货”能力，你是不是也跃跃欲试，想大展身手呢？

本书将带你了解和认识短视频的制作过程与营销秘密。

跟随本书，先来了解短视频的发展历程、类型与特点，认识当前最热门的几大短视频平台；准确定位短视频用户，运用多种数据工具追踪用户，让短视频制作有的放矢。接下来，学习实用丰富的拍摄与剪辑技巧，制作优质短视频，为短视频营销奠定良好的内容基础；结合平台热点进行营销，创作好文案，让短视频更出彩；熟悉短视频团队的工作内容并合理分工，从而提高工作效率，保持持续高产。最后，掌握短视频的各种营销方式与方法，增加用户黏性，引流变现，让你的短视频故事被更多的人看见和喜欢。

全书从了解平台到短视频制作，从短视频剪辑到推广引流，层层递进、深入浅出，手把手教你玩转短视频。文中精心设置“各抒己见”“出彩营销”两个版块，生动全面地探讨与解析短视频。

小小短视频，表达、引流、变现，承载大梦想，本书丰富的短视频制作与营销技巧，让你爱上短视频，玩转短视频。

目 录

营销新风口：初识短视频

第 2 章

数据先行：短视频的用户定位

第 3 章

聚焦内容：短视频的拍摄与制作

“热点＋文案”：短视频的智慧营销利器

第5章

团队养成：打造优质的短视频营销团队

引爆流量：组合营销打造短视频流量王国

第 1 章

营销新风口：初识短视频

● REC

新媒体时代，短视频以其短小精悍、内容丰富、创意十足等特点迅速崛起，成为当下热门的新媒体宠儿。

以短视频的方式传播信息，开启了媒体信息传播的新途径，也改变了大众接受信息与传播信息的习惯与方式。短视频因其信息传播与引流的“短、平、快”的特点，正在被越来越多的人接受和喜爱。

AUTO

1.1

短视频浪潮的到来

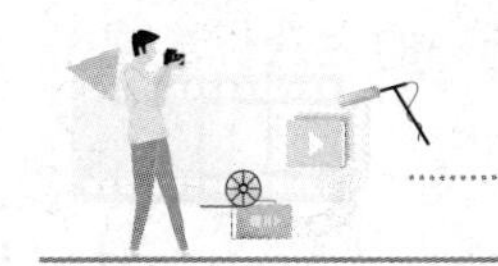

各抒己见

阳光明媚的午后，月明星稀的夜晚，随手拿起手机翻开短视频，享受难得的休闲时光，多么惬意。

当前，各大平台的短视频内容十分丰富，令人或感慨，或振奋，或治愈。你是否也有刷短视频和拍摄短视频的爱好，是否也有特别喜欢的短视频原创作者？有没有想过为什么有些人发布的短视频会有上百万的点赞与评论，有些人发布的短视频却无人问津呢？快来谈谈你的看法吧。

1.1.1 什么是短视频

短视频，以“短”著称

短视频，是短片视频的简称，是时下比较热门的互联网信息发布内容与方式，多发布在视频工具类平台或视频社交平台上。

短视频问世之初，时长一般为15秒，随着短视频创作者要表达的内容越来越多，短视频的时长也在不断增加：30秒、57秒、3分钟、4分钟……也有人认为，时长在30分钟以内的视频都可以称为短视频。

关于短视频的时长到底应该是多长，并没有一个统一的大众标准或平台标准。

短视频，以“短”著称，结构内容短小精悍，视频时长短、大多不会超过5分钟。

毫无疑问，“时长短”是短视频最大的特点，这也成为短视频在新媒体时代能一枝独秀的重要原因。

本书认为，短视频是指时长在5分钟以内，在视听网络平台和移动端平台中发布的、用于公开观看与分享的短片视频。

令人着迷的短视频

新媒体时代，人们的时间呈现出碎片化的状态，短视频正好填补了大众碎片化时间的空白，茶余饭后、上班路上、等餐和等人、旅游的过程中，都可以通过拍摄短视频、翻看短视频来打发时间。

上 / 下班途中看短视频的人

但是，需要强调的一点是，观看和拍摄短视频，可不仅仅是“打发时间”这么简单。

时下，无论是个人，还是团体，无论是自媒体人、时尚博主，还是媒体团队，都可以制作短视频并在各短视频平台上发布短视频作品。

短视频已经成为现代人，尤其是媒体人记录日常、分享生活、表达声音、传递声音的一种重要方式。

拍摄短视频，随时随地记录生活、分享生活

1.1.2　短视频的发展历程

短视频的惊艳问世

微博是最早推出短视频的平台，微博推出的具有视频功能的“微博故事”，激发了众多用户的短视频创作与分享心理，一时间，15 秒的“微博故事”成为网友关注和讨论的热点。

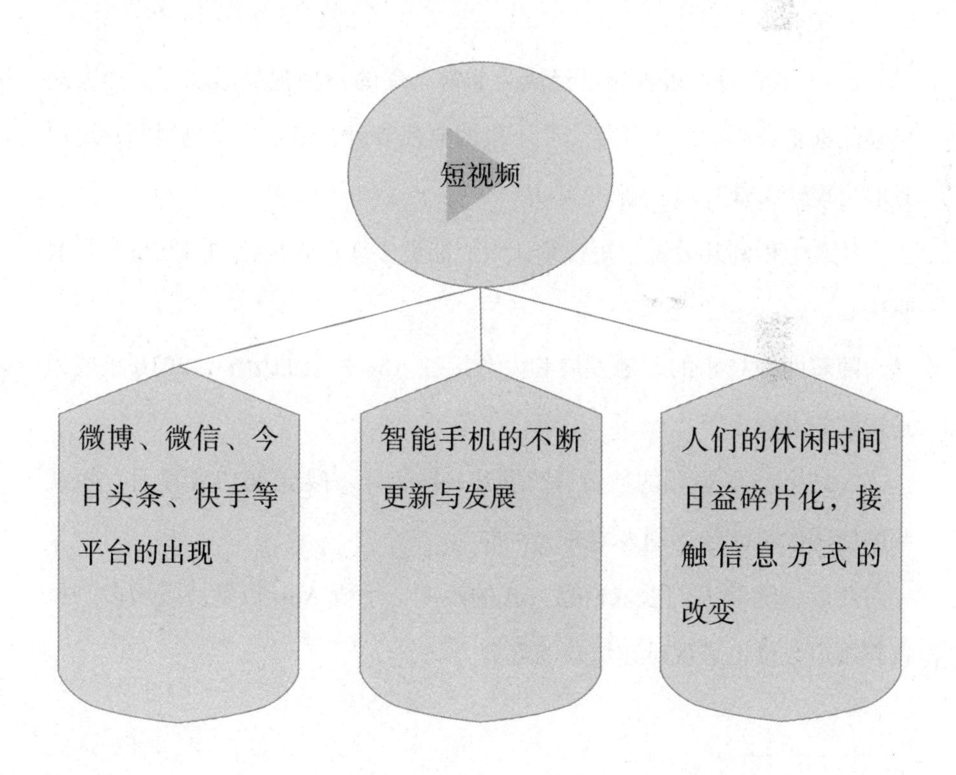

短视频问世的三大“助推器”

2011 年，GIF 快手（也就是后来的快手 App）开始研究并推出 57 秒的短视频，将近 1 分钟的短视频给了网友们更多的创作空间。

随后，今日头条、小咖秀、斗鱼、花椒直播等平台，纷纷嗅到了短视频将在未来引领视频传播的火爆气息，纷纷完善平台功能，鼓励用户上传、分享短视频。

这一时期，各大平台的短视频作品数量、评论数量、分享数量呈井喷式增长。

短视频的发展

2013 年前后，短视频已经成为非常火爆的一种视频形式。以往大众接触的都是数小时、十几集、几十集的电视节目、纪录片、电视剧，短视频的出现让大众耳目一新。

从几十秒到几分钟，短视频让人们能更多地在碎片化的时间里享受视听盛宴。

随着网络技术的不断发展和大众接触 App 机会的增多，2016 年成为短视频的火爆之年[①]。

2017 年，短视频的数量持续攀升，据统计，截至 2017 年 9 月，短视频的使用次数已经达到人均 8 次 / 日[②]。

此后，随着人们获取信息方式的改变，手机 App 数量持续增多，短视频用户数量也呈现迅速增长的趋势。

---

① 艾瑞 .2017 年中国短视频行业研究报告 [R]. 上海艾瑞市场咨询有限公司，2018-1-5.

② 张霄，李湘 .2017 年短视频行业大数据洞察 [R]. 第一财经商业数据中心，2017-9-6.

“火”出圈的短视频

相关资料显示，2019 年上半年，我国的短视频用户规模已经超过 8.5 亿，超过 60% 的用户安装了不少于两款短视频 App[①]，这其中不乏很多老年用户。

2011 年前后

各平台纷纷关注、定义短视频：如“15 秒”（微博）、“57 秒、竖屏”（快手）、“4 分钟”（今日头条）……

2016 年

短视频火爆之年

2019 年

短视频用户规模已经超过 8.5 亿

2019 年

短视频每日启动次数 27 亿次，各平台用户总计每日使用短视频时长 3 亿小时

2020 年

短视频用户日均收看短视频时长为 0.5～2 小时

短视频的发展历程

① 新浪 VR.2019 年上半年中国短视频行业报告：短视频用户规模超 8.5 亿 [EB/OL]. vr.sina.com.cn，2020-3-16.

短视频平台的用户数量之多、用户人群之广泛，足以证明短视频在大众中的影响力和受欢迎程度。

一个收获高流量的短视频作品，不仅能在某一段时间内受到短视频平台的积极推荐，更能成为某一段时间内的社会热点，并能实现“病毒式”的跨平台快速传播，如从短视频平台“火”到微博、微信朋友圈、热门公众号，甚至能成为电视新闻节目中的素材。

短视频是一种社会信息传播方式，也是当下人们的一种生活休闲方式，成为人们日常生活中非常重要的一部分。

短视频使媒体信息的传播方式更加多元化，也改变了很多人获取信息的方式，将来还会带给更多的惊喜。

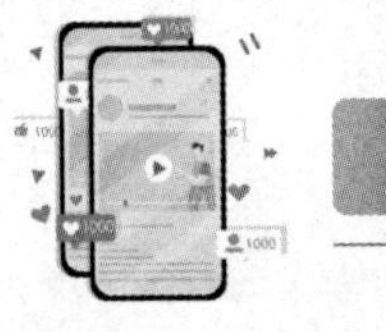

出彩营销

短视频人气之王

说起新闻，很多人的第一印象是正式、严肃，让人有距离感。可是在当前短视频时代，新闻节目也有了“新画风”。

2019 年 8 月 24 日，《新闻联播》栏目正式入驻抖音、快手，轻松幽默、接地气的主播说联播形式，综合了最新热点新闻和大事件，广受好评，让众多网友看了之后“欲罢不能”。

“别人在追剧，我在追《新闻联播》。”

“一条短视频刚看完，发现《新闻联播》的粉丝又涨了10 万。”

“用百姓喜欢的方式传递主流声音，接地气！我喜欢。”

截止到 2021 年 6 月 15 日，《新闻联播》发布的作品已经累计获得 2.4 亿个赞，粉丝数超过 3066.6 万。

《新闻联播》在抖音短视频平台上发布的短视频作品，几乎每一个都是“爆款”，是当之无愧的短视频人气之王。

1.1.3　短视频与直播

实际上，从当前各大短视频平台的用户活跃程度与活跃方式来看，短视频用户所发布的短视频质量越来越高，一段时间内的同类短视频层出不穷，更成为引领时下社会热点的风向标。

如果你经常在短视频 App 上刷短视频，或者你本身就是一位短视频创作者，你会发现，当下的短视频平台中，直播用户正在持续不断增加。

当前，通过各大短视频平台，用户可以上传分享视频，也可以开直播，直播互动为粉丝提供了很多与主播互动的方式，如点赞、发表评论、打赏主播等。

短视频与直播相辅相成，为各大短视频平台带来了巨大的流量。

短视频	直播
先制作，后呈现	直接呈现
非实时性	实时性
时长短	时长较长
面向用户多	用户范围相对固定
通过评论与粉丝互动	通过回答讲解互动
重视分享	强调社交、带货
目的为休闲娱乐	目的为社交、变现

短视频与直播的区别

1.2

短视频的类型与特点

各抒己见

内容丰富、种类多样的短视频，让现代人的生活丰富多彩。你平时最爱制作或观看哪一种类型的短视频呢？各大短视频平台中，哪一类短视频的播放量和评论数最高呢？

不同类型的短视频给予创作者广泛的创作空间，也给广大受众以丰富的观看选择。那么，短视频到底有哪些类型？不同类型的短视频又具有怎样的特点呢？

1.2.1 短视频的类型

发展到现在，短视频的类型丰富且全面，类型丰富的短视频让广大受众都能找到自己喜欢的短视频。

接下来，根据不同的分类标准来认识一下不同的短视频类型。

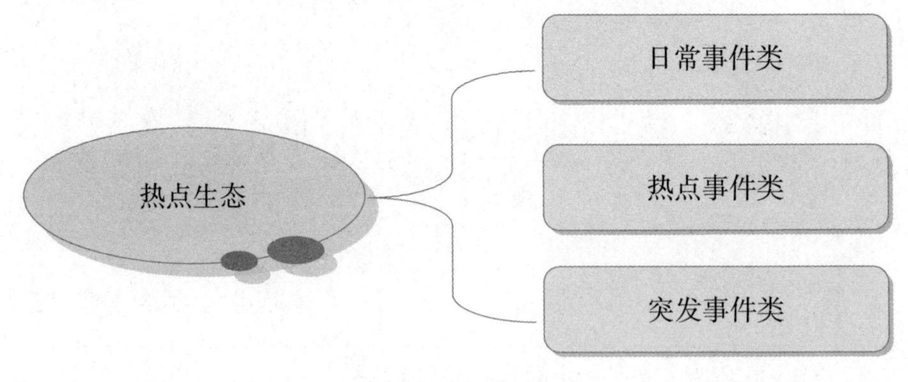

不同热点生态的短视频

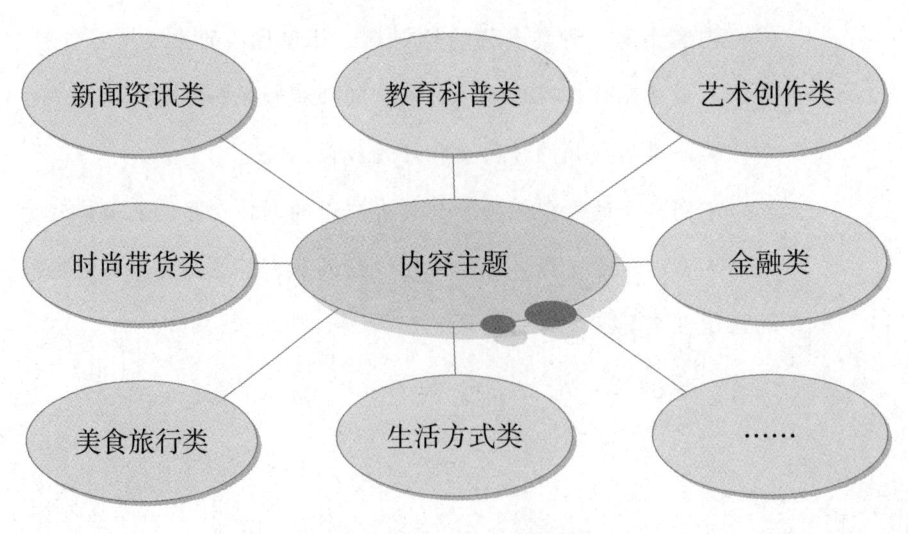

不同内容主题的短视频

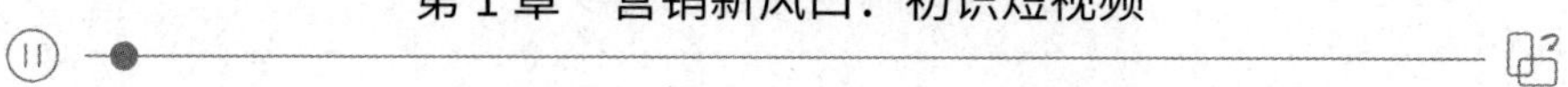

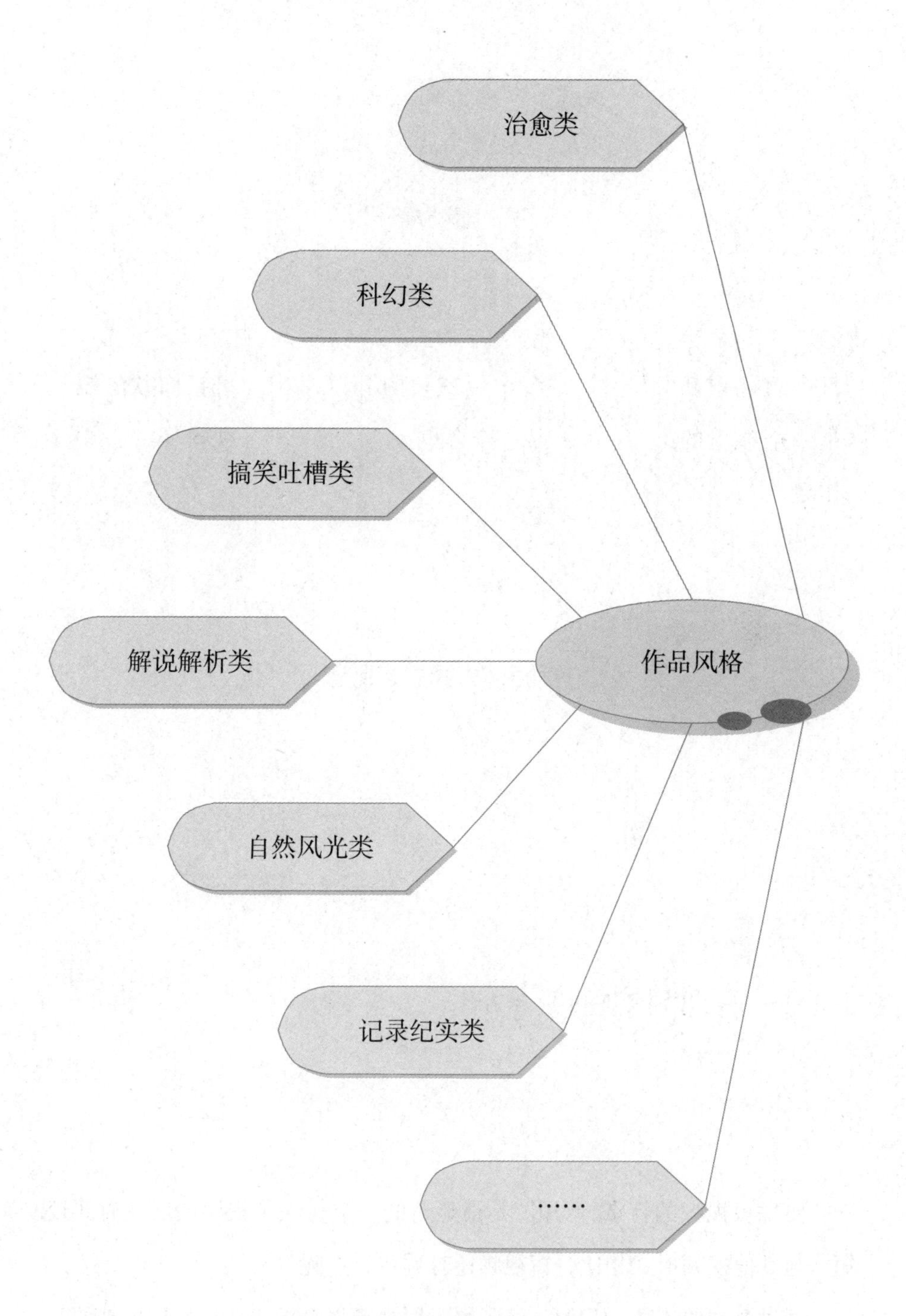

不同作品风格的短视频

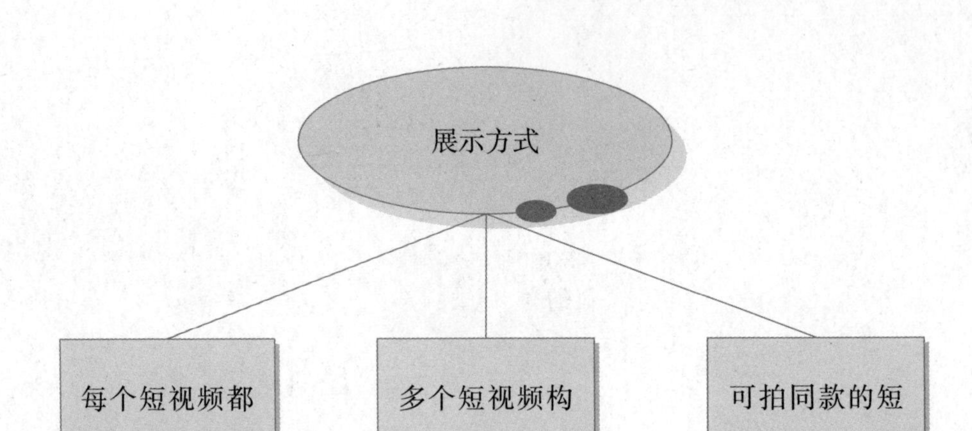

不同展示方式的短视频

1.2.2 短视频的特点

要说短视频的特点，“短”是最显著的一个，除了视频的展现时间较短，与其他视频形式相比，短视频还有哪些特点呢？

通过上文的叙述，我们已经了解了短视频与直播相比所呈现出来的一些特点，这里重点从新媒体的角度，对短视频的特点进行分析。

短视频是一种新媒体形态

新媒体，相较于传统媒体而言，是一种现代化的媒体形态。

新媒体是以数字技术为依托，通过电脑、手机等网络终端向用户提供信息与服务的媒体。

短视频主要活跃在手机客户端，是非常便捷的一种新媒体形态，在新媒体信息传播中具有较大的影响力。

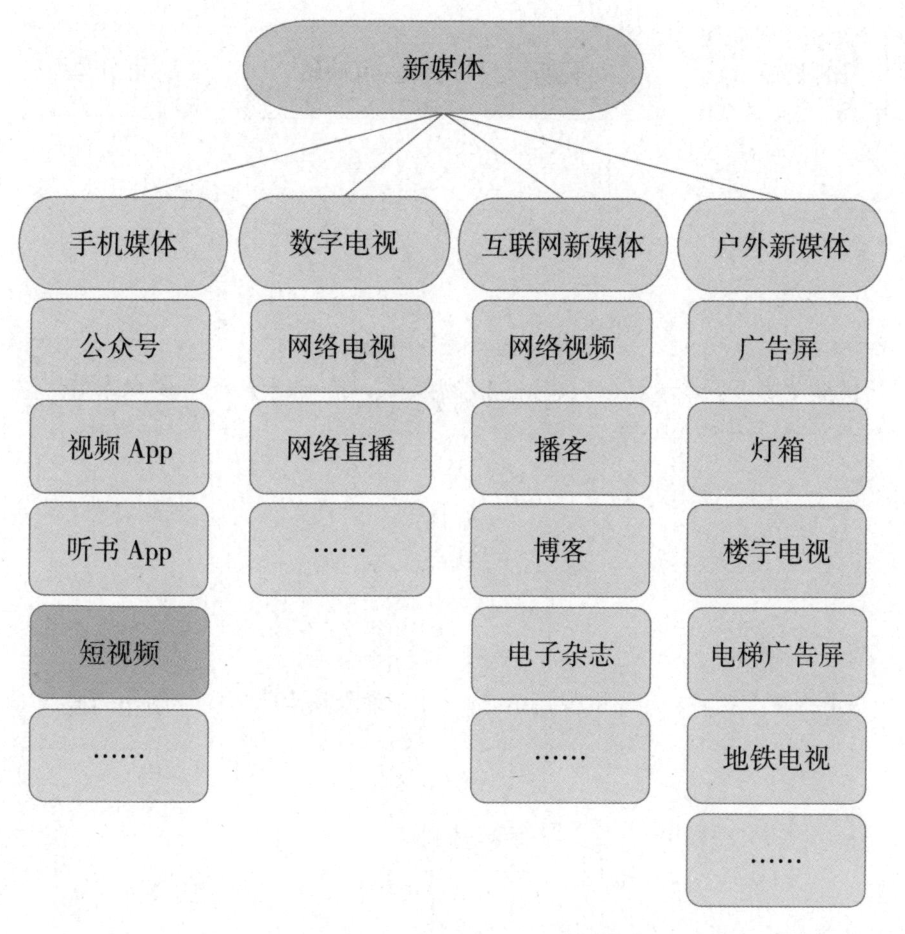

短视频是新媒体中的一个重要成员

短视频的视频特点与新媒体特点

短视频以视频形式传递、传达信息，具有视频的普遍特点，同时又具有自身的特点；短视频作为一种新媒体，具有新媒体的普遍特点，同时又具有自身的特点。

短视频以大众喜闻乐见的方式走进人们的生活，它的特点也成为其广泛传播、备受大众欢迎的重要原因。

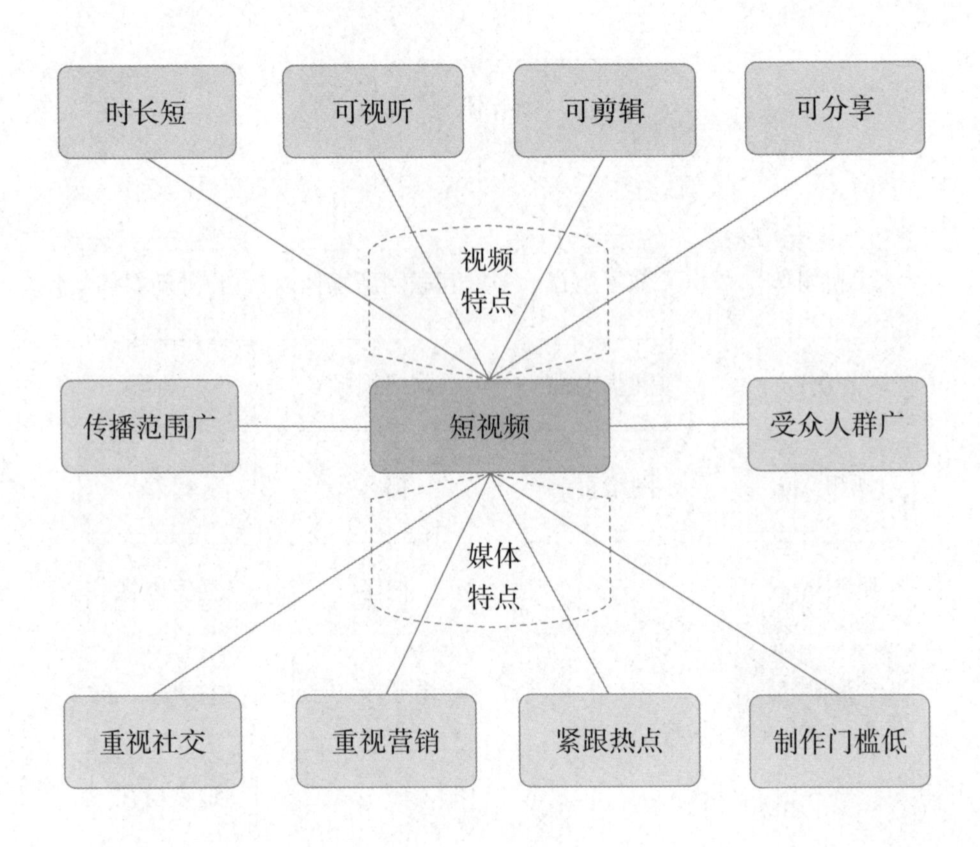

短视频的特点

这里重点对短视频的以下几个特点进行详细解析。

时长短：这是短视频最显著的一个特点，正是因为时长短，大众可以充分利用碎片化时间去观看，比如在等电梯时、在等餐时、在等车时、在临时休息的十几分钟内……都可以随手拿起手机，刷上几个短视频，不用花费很长时间，又能进行休闲娱乐。

重视社交：这是短视频的特点，也是短视频在社交媒体中备受青睐的竞争优势，视听互动，相较于文字，更能增加人与人的亲密感。

紧跟热点：紧跟热点的短视频既不会给观看的人增加思考负担，又可以作为休闲娱乐时的“消遣”对象，还能传递社会正能量和欢乐，备受大众喜欢，人们可以通过观看短视频了解当下社会热点事件和热点娱乐话题。

制作门槛低：短视频的这一特点，能使人人可参与制作、发布短视频，人人都有可能从默默无闻，到一夜之间被广泛关注。

1.3

不得不知道的短视频平台

各抒己见

当下短视频平台众多，不同的短视频平台大同小异，但又各具特色，能满足不同群体的观看、社交、带货等需求。

翻看下自己的手机，你的手机里有没有安装短视频类 App 呢？安装了几个？你最喜欢登录的是哪一个或哪几个呢？你作为短视频原创者，根据自己的短视频内容与风格，会选择在哪个短视频平台上做推广运营呢？

这里重点就当下话题讨论度高、用户数量多、影响力广泛的几个短视频平台——抖音、快手、点淘、西瓜视频（平台排名不分先后）的特点与特色进行解析。

1.3.1 抖音

以音乐短视频起家的抖音

抖音，是北京字节跳动科技有限公司的一款短视频社交平台（软件）。

2016年9月20日，抖音正式上线运营。

抖音上线初期，主要面向年轻人，邀请了一大批中国音乐短视频玩家，带来了巨大的流量。

随着越来越多的用户下载和使用，抖音也随之发展成为面向全年龄段用户的短视频平台。

2018年，人们印象中高冷的央企先后纷纷入驻抖音，以更轻松活泼、接地气的短视频方式传递正能量，吸引了大量粉丝关注，也让抖音平台的内容不仅限于娱乐，更加鲜活、优质、丰富[①]。

2019年，抖音成为中央广播电视总台春节联欢晚会的独家社交媒体传播平台。

---

① 孙奇茹 .25 家央企入驻抖音 [EB/OL].http://it.people.com.cn/n1/2018/0607/c1009-30041182.html，2018-6-7.

2020 年，抖音日活跃用户突破 6 亿，日均视频搜索突破 4 亿次[①]。

2021 年春节期间，抖音与央视春晚二次合作，与网友实时红包互动。

抖音界面设计与内容特色

抖音界面设计

抖音的界面中，上下分布工具栏，右侧为互动栏，中间大空间展示用户作品内容。

上方是平台工具栏，方便用户根据自己的需求查找和搜索短视频或用户。

下方的个人工具栏，可用于上传作品和查看消息。

右侧为当前短视频用户的头像、点赞数、评论数等数据展示。

短视频画面位于界面中间，大屏展示，左右贴合手机边缘，观看舒适。

抖音界面设计方便用户操作，用户可以快速找到自己感兴趣的短视频或者上传短视频，并能很好地实现与其他用户的互动。

抖音内容特色

目前，抖音主要包括三个方面的内容，即热搜、直播、短视频。

点击界面放大镜图标可进行搜索，抖音设置了“抖音热榜”“明星榜”“直播榜”“音乐榜”“品牌榜”，根据不同榜单可了解最新热门话题。

抖音注册用户可以开通直播，而且系统会向用户推荐关注的直播和经常观看的人的直播。

短视频是抖音的主要内容，进入抖音主页后，用户能清楚地看到界面

① 《2020 年抖音用户画像报告》[EB/OL]. https://blog.csdn.net/weixin_38753213/article/details/109019963，2020-10-11.

内的所有图标、选项，并可以快速找到上传视频和与其他用户的互动入口，这有助于用户更方便地制作、拍摄、上传短视频，并方便用户互动。

抖音界面示意图

数据盘点抖音生活

2021 年 1 月 5 日，抖音发布了《2020 抖音数据报告》。调查显示，截至 2020 年 8 月，抖音日活跃用户突破 6 亿；截至 2020 年 12 月，抖音日均视频搜索突破 4 亿次[①]。

① 腾讯网 .《2020 抖音数据报告》完整版！[EB/OL].https://new.qq.com/omn/20210108/20210108A08RWB00.html，2021-1-8.

《2020 抖音数据报告》秉承抖音“记录美好生活”的宗旨，见证了广大用户在抖音中的生活百态。

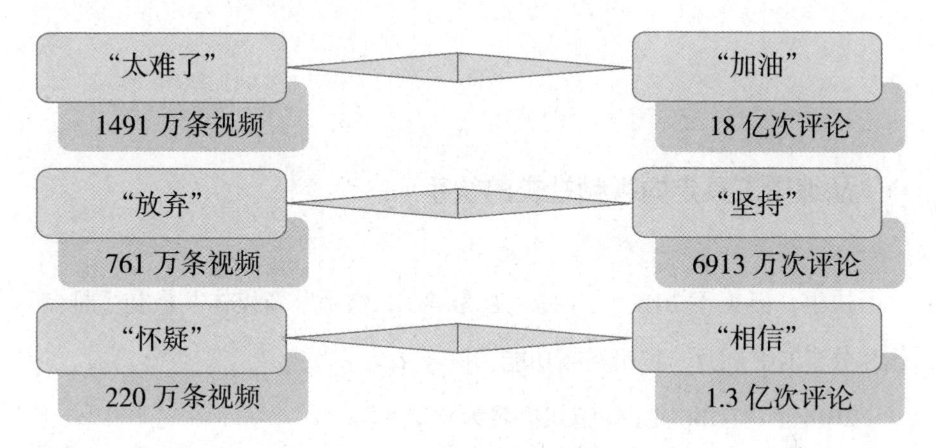

2020 年抖音热门关键字

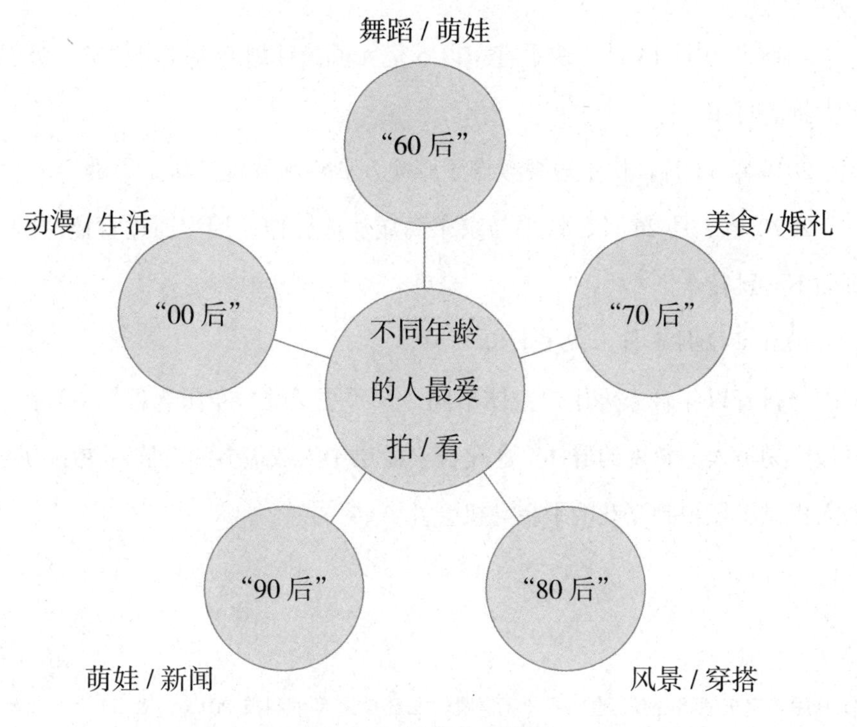

2020 年抖音之“最”

1.3.2 快手

从编辑工具走向视频社交的快手

快手，诞生于 2011 年 3 月，原为“GIF 快手”新媒体，最初主推制作和分享 GIF 图片、编辑视频功能。

2014 年，“GIF 快手”正式更名为“快手”。

2017 年 11 月，快手日活跃用户数超过 1 亿，累计注册用户数量超过 7 亿。

2018 年 9 月 14 日，快手宣布以 5 亿元流量计划助力农户脱贫，吸引了大批农村用户。

2019 年 11 月，快手短视频携手春晚开展春晚红包互动。

2020 年 5 月 26 日，快手与京东商城达成合作，用户通过直播网购，页面不再跳转[①]。

2021 年 2 月 5 日，快手上市。

与抖音以年轻人为用户主体不同，快手更关注“草根人群”，这是一群最容易被人们忽视的群体，也是社会阶层中人数最多的人群。快手为普通人提供了短视频互动的平台与机会。

---

① 快手与京东战略合作，直播买货无需跳转 [EB/OL]. 新浪科技 .https://tech.sina.com.cn/roll/2020-05-26/doc-iirczymk3687643.shtml，2020-5-26.

快手界面设计与内容特色

快手界面设计

快手的界面画面布局大，各种选项与图标完全浮于短视频画面上，既不影响短视频观看效果，又能清楚展示，方便用户点击操作。

用户进入快手之后，系统优先展示短视频平台的“发现”（位于界面上方中间位置）界面，这能让用户了解快手平台上有哪些当下流量最高、最热门的短视频和话题。

通过位于快手界面下方的“同城”，就能看到与自己居住在相同城市的短视频制作者，这种展示能进一步增加用户之间的互动性。

快手界面示意图

快手内容特色

记录生活、分享生活是快手的宗旨，快手上的短视频主题大多围绕日常生活展开，而日常生活也是快手平台中最多出现的内容，这让快手充满了“人间烟火气”。

无论你是谁，只要你愿意坚持记录生活、分享生活，你都会在快手中获得归属感，并可能成为一名草根明星。

了解真实的快手

快手短视频的接地气，让快手拥有强大的用户黏性，截止到 2020 年 9 月 30 日，快手上有超过 90 亿对互关[①]。

让用户获得归属感，从他人的生活中看到自己的影子，从他人的生活中发现美好、获得正能量，这正是快手带给用户的丰富的短视频内容与观看体验。

在拥有庞大的用户群体的基础上，快手吸引了很多明星入驻，让更多热爱生活的人聚集在一起，相互分享生活。

快手用户们有多么热爱生活，从下面一组数据中可以领略一二[②]。

①② 中国新闻网 .2020 快手内容报告：平均月活跃用户为内容创作者的比例约 26%[EB/OL]. https://baijiahao.baidu.com/s?id=1691925539094794440&wfr=spider&for=pc，2021-2-17.

用户发布“加油”次数	近 7.4 亿次
记录家人一起玩游戏的短视频	超过 150 万条
获得收入的贫困地区用户数	664 万

2020 年快手生活数据

1.3.3　点淘

由淘宝直播“变身”而来的点淘

点淘的前身是淘宝直播 App，是淘宝官方出品的短视频平台。

2016 年 4 月，淘宝直播上线，它的定位非常明确，是一个“消费类”的短视频和直播平台。

2019 年，淘宝直播开始向点淘转型。

2020 年 3 月，淘宝内容电商事业部总经理表示，将整合阿里巴巴经济体内所有资源，投入百亿流量，推广优质视频内容和直播间。

2021 年首场淘宝直播机构大会上，点淘 App 正式亮相。点淘致力于做内容，让消费者能以更轻松、更容易接受的方式去发现好物、淘到好物。

点淘界面设计与内容特色

点淘界面设计

在点淘的界面中，用户可以一目了然地看到不同按钮与选项，上方工具栏的“直播”“视频”选项非常明显，界面下方的工具栏中可以很方便地查找到自己所关注和喜欢（发现）的短视频或好物。

点淘界面右侧的互动栏，可以实现点赞、评论、分享、收藏一条龙式的“囤物”操作。

从内容指向流量，再实现内容变现，这样的界面设计更符合消费者发现好物、分享好物、购买好物的查找、搜索等习惯。

点淘内容特色

与其他的短视频平台相比，点淘更致力于做“带货”内容，通过短视频的内容呈现，在短小故事中或直接的商品展示中让消费者“种草”，并实现涨粉、购买、互动、回购等系列营销目标。

作为买家用户，可以通过观看内容，在短视频故事中发现好物。

对于卖家用户，可以将商品融入短视频故事创作中，通过发布优质短视频来引流吸粉，最终将商品卖出。

点淘界面示意图

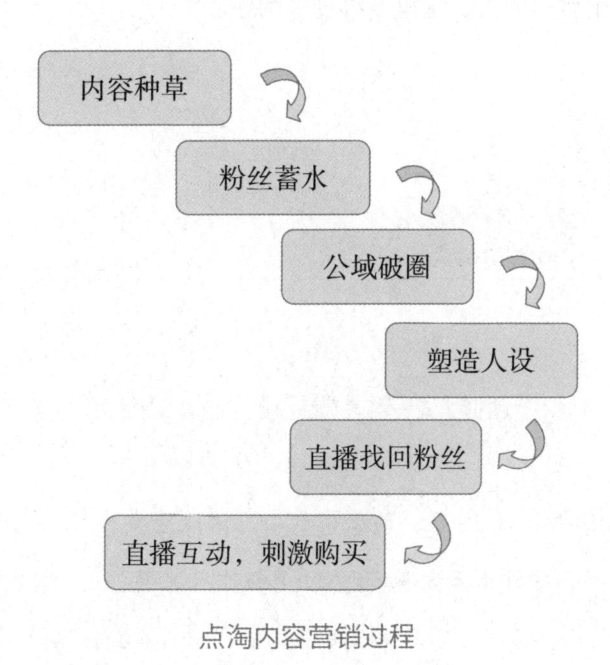

点淘内容营销过程

1.3.4 西瓜视频

西瓜视频是字节跳动旗下的视频平台，长时间以来，西瓜视频都是短视频领域的优秀平台。

2016年，字节跳动旗下的头条视频正式上线。

2017年6月8日，头条视频正式更名为“西瓜视频”。

2018年2月，西瓜视频的累计用户数量超过3亿。

2020年10月，西瓜视频转变视频制作与营销模式，提出“未来将致力于发展1分钟到30分钟的中视频内容”。

2021年4月，西瓜视频的日均使用时长超过100分钟，成为国内优秀的中视频平台引领者，这里不再过多阐述。

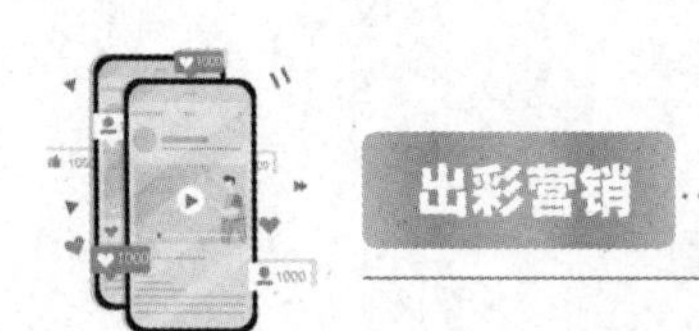

“创作人之夜”，短视频创作者的盛典

2019年8月21日，西瓜视频在上海隆重举办的“创作人之夜”盛典，共评出三大赛道和29个创作人奖项。

在短视频赛道中，14 个品类的最佳创作人脱颖而出，涉及旅游、时尚、美食、三农等多个细分领域。

“创作人之夜”极大地鼓舞了短视频创作者，也为西瓜视频平台带来了高流量，吸引更多的创作者纷纷加入西瓜视频。

第 2 章

数据先行：短视频的用户定位

REC

要想做好短视频并不断地精准引流，就一定要明确短视频的用户定位：了解短视频平台的注册用户是什么样的人，并清楚应该以什么样的方式来接近和吸引这些人中的目标用户。

明确了用户定位，接下来就可以利用大数据来有针对性地挖掘潜在用户的信息和偏好，进而快速找到用户。

明确用户定位是短视频创作者的第一要务。

AUTO

2.1

为用户画像

各抒己见

小张精心制作了一个关于女性美妆的短视频，然后满怀期待地上传到了一个育儿短视频平台上，等来的不是涨粉和引流，而是无人问津。你知道这是为什么吗？快来发表一下你的看法吧。

2.1.1 你的目标群体是谁

精心制作的美妆短视频在育儿短视频平台上无人问津，其中一个很重要的原因是，没有明确短视频的目标群体。在育儿短视频平台上，用户的需求必定都与育儿有关，美妆视频则属于其中的“异类”，无人关注也就不足为奇了。

所以，在短视频制作和营销过程中，首先要知道自己的目标群体是谁。而要想知道目标群体是谁，就需要对用户进行分析，第一时间了解用户的需求。

那么，用户对短视频的内容都有哪些需求呢？下面具体来了解一下。

用户对短视频内容的不同需求

有些用户看抖音、刷快手、翻小红书，纯属为了娱乐消磨时间。既然是为了娱乐和打发时间，自然更乐于看一些内容有趣的短视频。

有些用户在看短视频时带有较强的目的性，为的是获得新闻咨讯，了解时事热点。

有些用户观看短视频是为了深度阅读，这些用户会被某一个话题或问题吸引，有针对性地进行深度阅读。

还有一些用户观看短视频纯粹为了获得消费指导，即当他们想要购物时，首先做的并不是立即下单购买，而是通过一些短视频平台了解产品的基本信息，进而决定是否要购买某商品。

可以看出，不同的用户对短视频内容有着不同的要求，短视频创作者应该明确自己的目标群体，进而制作和推送相应符合用户需求的短视频。

2.1.2　如何快速找到目标用户

当明确了用户在短视频内容上的需求之后，接下来就是找到目标用户，并为用户推送他们喜欢的短视频内容。那么，如何快速找到目标用户，并为之推送内容呢？这里推荐一个很不错的方法，即用户分析算法。

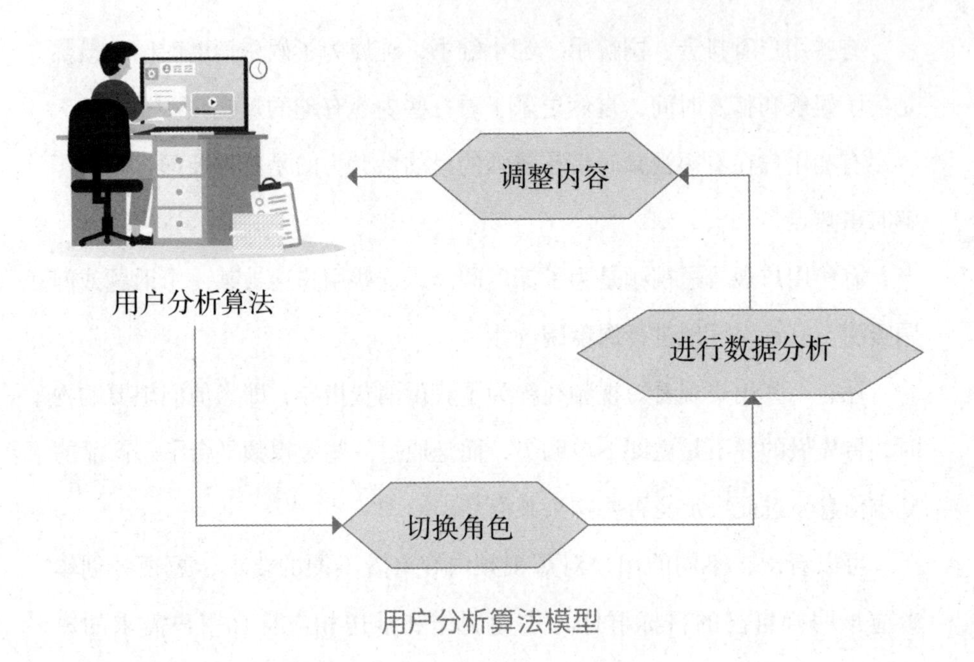

用户分析算法模型

切换角色

要想深入了解用户的需求，深入目标用户固然重要，但有时很难实现，此时就可以切换角色换位思考，也就是将自己当作目标用户，为自己所扮演的用户设定一个身份，站在用户的角度审视自己制作的短视频。

观看完短视频之后，再切换回制作者的身份，对观看自己所做视频的感受和看法加以梳理，进而了解用户的需求，解决用户的需求问题。

数据分析

尽管切换角色是快速找到短视频的目标用户的一种不错的方法，但短视频创作者和用户在想法上肯定存在不对称的情况，即短视频创作者喜欢的不一定是用户喜欢的。

为了弥补短视频切换角色带来的短视频“供需”可能不对等的不足，短视频创作者还需要借助后台大数据对用户进行分析，这样得出的结果会更加精准。

调整内容

当深入了解了用户的需求，也就找到了自己的目标用户，接下来就需要调整短视频内容，以满足用户需求。例如，如果用户看短视频是为了消磨时间，那么就可以制作一些轻松幽默的内容，并向用户推送。这样有目的的制作和推动，更能增加用户黏性。

2.1.3　建立用户画像很有必要

无论是确定目标群体，还是寻找目标用户，抑或是满足用户需求，都要借助用户画像，这是短视频创作者和营销者必须了解的一个概念。

什么是用户画像

到底什么是用户画像呢？

小王，女，28岁，上海人，本科毕业，爱购物，爱旅游。这些信息就是小王的画像，也是用户画像的一种典型实例。

用户画像，是基于一系列真实数据的用户模型，即用户信息标签化。具体来讲，用户画像是指收集用户在互联网上留下的各种行为数据，包括社会属性、行为习惯、消费行为等数据信息，然后对这些信息进行加工，形成的标签化的用户模型。

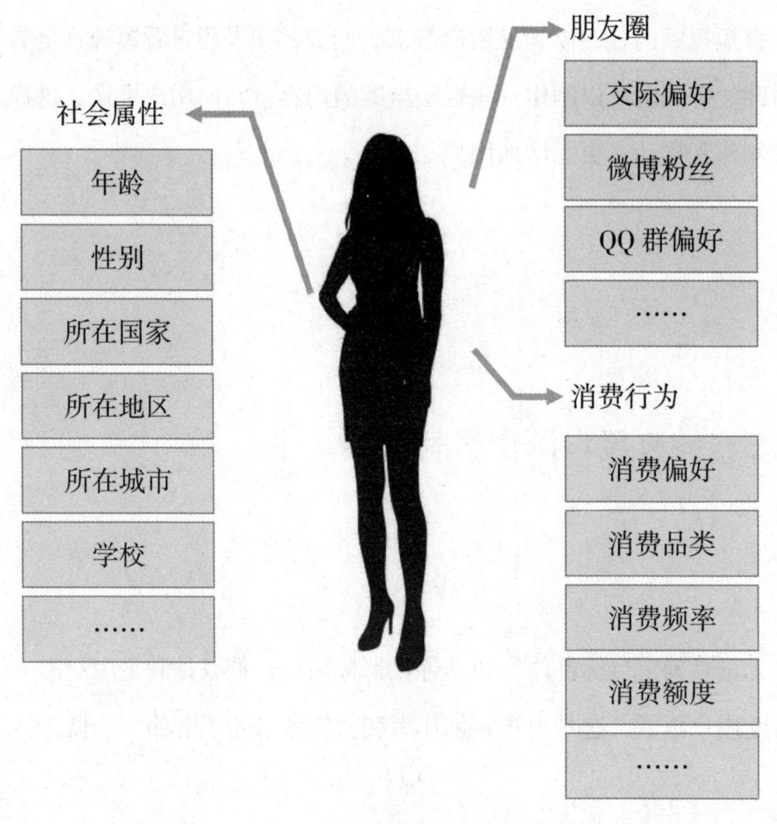

用户画像

用户画像实际上是由一个个“标签”组成的，这里的“标签”是经过对用户信息进行分析得到的十分精炼的特征标识。而构建用户画像的过程，其实就是给用户贴“标签”的过程。

用户信息并不是某个具体的人的信息，而是指整个消费者群体的信息。用户画像的内容可谓十分宽泛，但凡是对用户的认知，都可以称之为用户画像。

为什么要建立用户画像

为什么要建立用户画像？用户画像的意义何在？建立用户画像是短视频创作者在制作和营销时首先要考虑的问题，因为通过用户画像能够收集更多用户信息，而这些信息会反过来优化制作和营销过程。

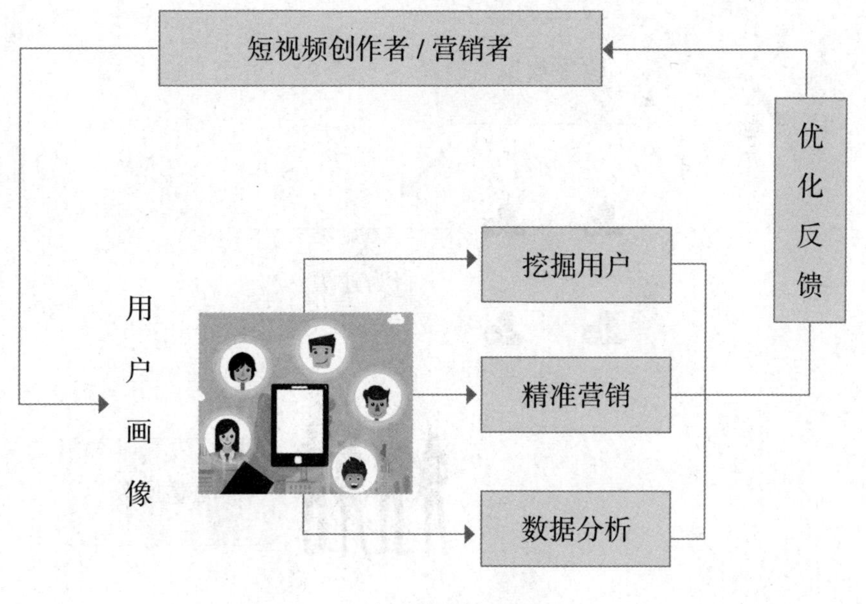

用户画像的作用

建立用户画像，可以深度挖掘用户信息，了解用户需求，进而转换角色，站在用户的角度上考虑用户偏好，优化制作，进而实现精准营销。此外，基于大数据构建用户画像，可以建立起相应的数据库，进而为之后的精细化推送打下良好的基础。

当然，用户画像的意义远不止这些方面，但通过这些方面足以看出用户画像的重要作用。

构建用户画像的三大环节

既然用户画像这么重要，那么自然需要构建用户画像，充分发挥其作用。通常，构建一套完善的用户画像，需要完成以下三个环节。

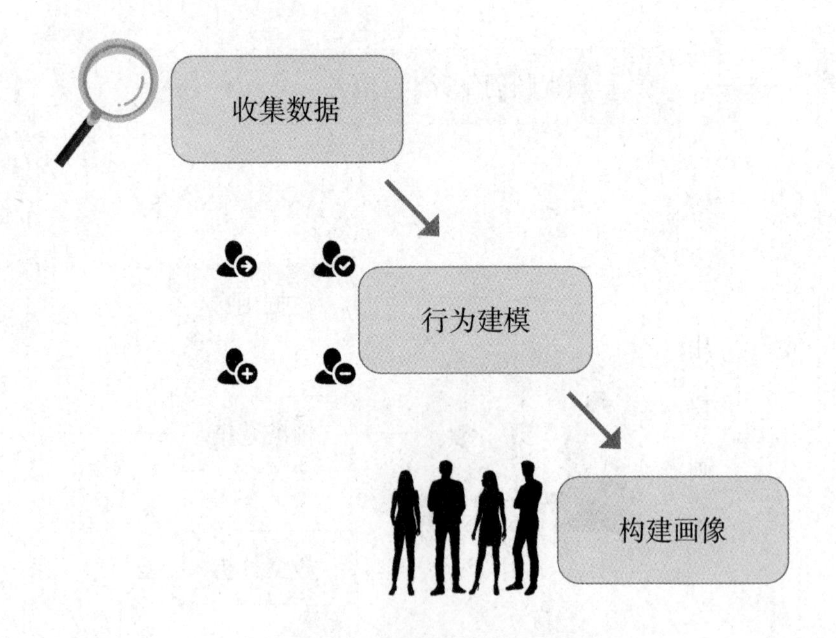

构建用户画像的基本环节

第一个环节是收集数据，也就是收集用户在网站内外的各类数据信息，包括用户行为数据、内容偏好数据、交易数据等。

第二个环节是行为建模，也就是在各类数据信息的基础上，运用技术手段进行行为建模，包括文本挖掘、预测算法等。

第三个环节是构建画像，也就是依据行为建模，形成代表着用户特点的用户标签。

短视频用户画像可以这样建立

如何建立短视频用户画像呢？基于用户画像的基本环节，短视频用户画像可以按照以下步骤来建立。

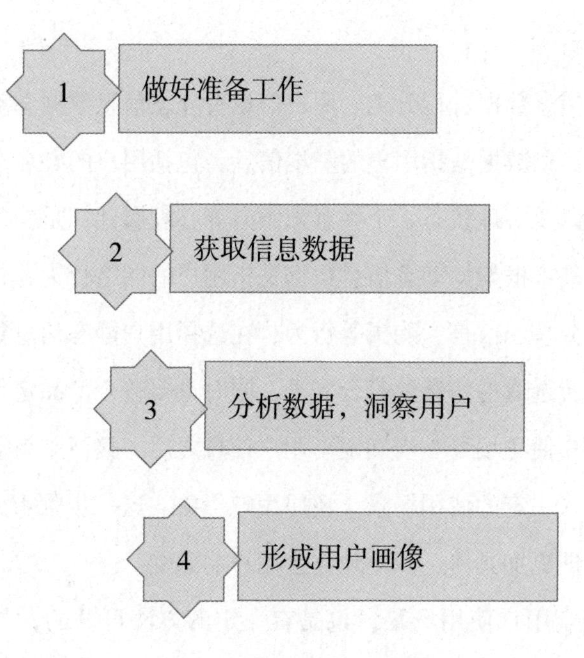

短视频用户画像建立的步骤

第一步，做好准备工作。

具体来说，建立短视频用户画像的准备工作包含以下三项内容。

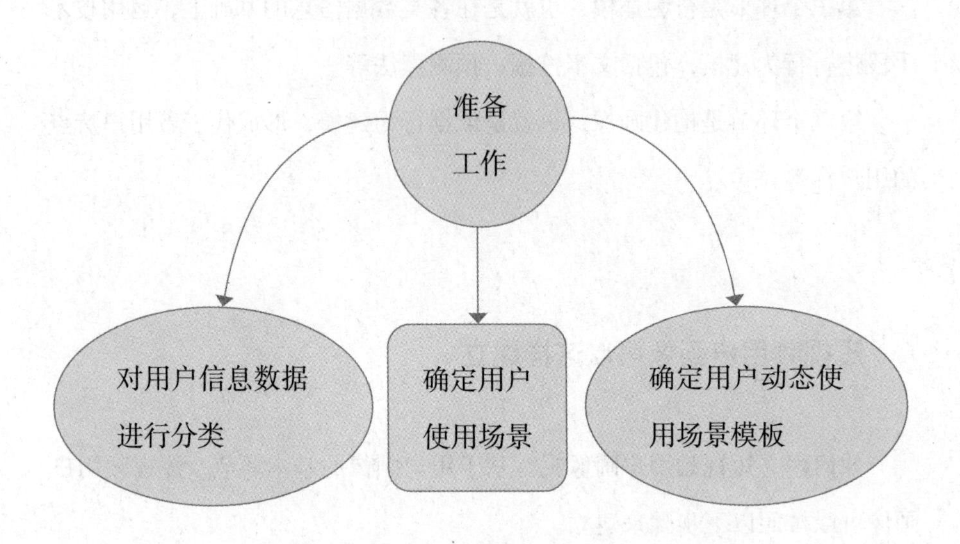

建立短视频用户画像的准备工作

对用户信息数据进行分类。用户信息有静态信息数据和动态信息数据之分。静态信息数据是指用户的基本信息，包括用户的姓名、年龄、职业等社会属性以及心理状态、个性意识倾向等心理属性，是构建用户画像的重要信息和基本框架。动态信息数据是指用户的网络行为，包括收藏、点赞、评论、分享、留言、购买等行为。在选择用户静态信息数据和动态信息数据时，所选取的信息要符合需求，同时也要符合产品定位。

确定用户使用场景。当确定了用户信息之后，接下来就需要将总结的用户特征融入一定的使用场景，还原用户形象。这一步骤十分重要，而且目的明确，即更加具体、深刻地体会用户的感受。

如何确定用户使用场景，也是有一定的方法可循的，具体可以采用5W1H方法。

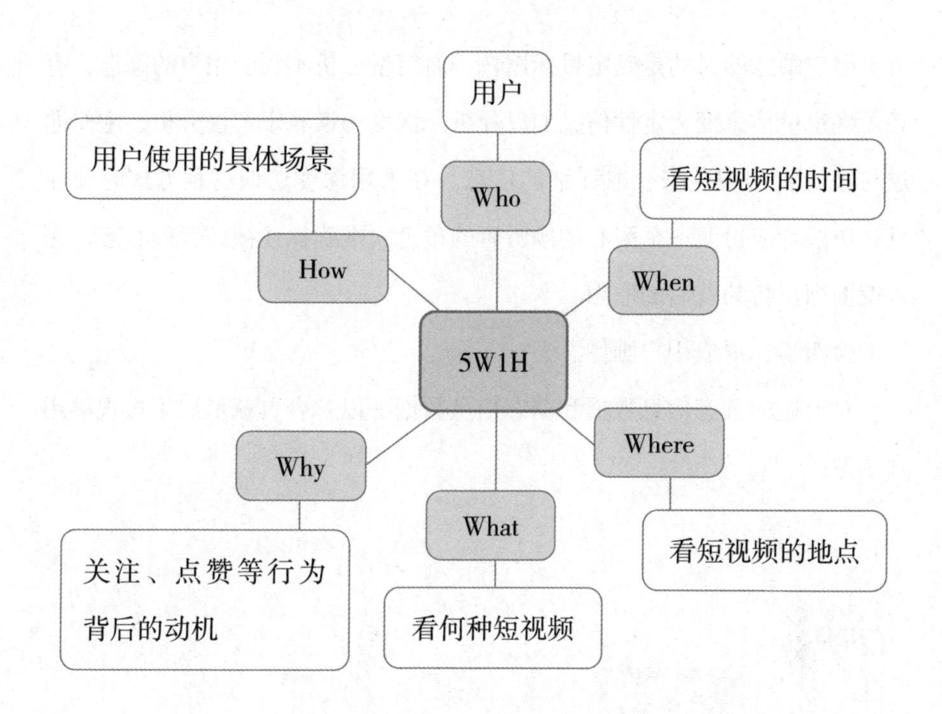

确定用户使用场景的 5W1H 方法

确定用户动态使用场景模板。在确定用户使用场景之后，还很有必要根据视频生产者的期待确定用户的动态使用场景模板，也就是先建立好沟通模板，这样可以更好地获取用户信息，避免结论误差。

第二步，获取信息数据。

这里的信息数据，主要是获取用户的静态信息数据。通常在获取用户信息时，要采集上千个样本进行统计，但短视频用户的信息重复性比较高，不必采集上千个样本，可以利用一些网站，比如卡思数据网站来获取用户的静态信息数据。

第三步，分析数据，洞察用户。

在获取用户静态信息数据之后，就要分析数据，洞察用户，获得用户的动态使用场景信息。此时可以采用问卷调查或者深度访谈的方式进行。

由于用户画像的目的是确定目标用户，而定量分析不利于用户的筛选，有必要将定量信息变为定性信息加以分析。深度访谈属于定性分析，主要通过与被访者的沟通来获取详细的信息。在采用深度访谈这种方式时要注意，访谈者应扮演一个耐心的倾听者的角色，准确抓住被访者的心态，深入挖掘用户行为背后的原因。

第四步，形成用户画像。

对上述的静态信息数据和动态信息数据加以整合，就形成了短视频用户画像。

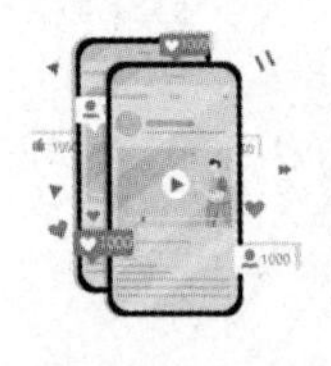

出彩营销

抖音、快手、西瓜视频用户画像

相信你对抖音、快手、西瓜视频这些短视频平台并不陌生，但是你知道他们的用户画像吗？下面不妨来简单了解一下。

以新一线、三线及三线以下城市用户为主

男女比例基本均衡，以城市青年为主

偏好为演绎、生活、美食类视频

文化、影视、情感类视频逐步增长

抖音用户画像

以二线及二线以下城市用户为主

男性占比大于女性

很大一部分群体是社会底层中青年

偏好为普通人的生活类视频

快手用户画像

以新一线、四五线城市用户为主

男性占比大于女性

总体偏好为音乐、美食类视频

西瓜视频用户画像

2.2

大数据让用户“有迹可循”

各抒己见

作为短视频创作者，如果想要更多地了解用户的偏好，最大程度地满足用户的需求，你该如何做呢？

实际上，在为用户画像的基础上，你还可以利用大数据来追踪用户的主流关注领域，定制短视频标签，还可以关注用户评论，为用户“量体裁衣”。当然，方法远不止这些，你还知道哪些方法呢？

2.2.1 大数据追踪用户的主流关注领域

要想更加深入地了解用户，对用户进行精准定位，然后有针对性地为用户推送相关视频，那么就需要知道用户关注的热点是什么，也就是追热点。

不过需要注意，这里的追热点“追”的并不是热点话题或新闻，而是热点关键词。通常情况下，短视频平台都是根据关键词来推送视频的，短视频创作者要想获得较大的推荐量，就要选择相应的热点关键词。

短视频创作者可以采用以下几个工具来追踪用户关注的热点。

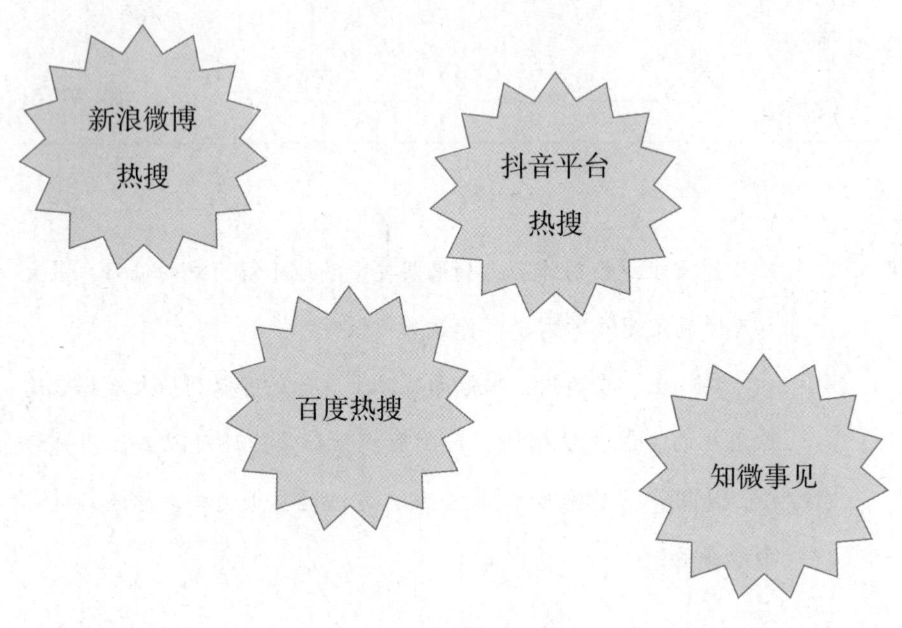

短视频热点追踪工具

新浪微博热搜

新浪微博根据用户的搜索行为，设置了热搜榜，用于捕捉、总结用户关注的热点和感兴趣的内容。新浪微博热搜版块包含多个不同的部分，有热搜榜、娱乐榜、要闻榜、同城榜，从不同的角度和层面汇总热点话题，展示热点榜单。

新浪微博热搜类目示意图

百度热搜

百度平台以自身数以万计的用户的搜索行为为基础，以关键词为统计对象，采用专业的数据挖掘方法，打造了权威、热门的关键词搜索排行榜，统计全民热度。百度热搜版块包含多项内容，有热点榜、明星榜、电影榜、小说榜、电视剧榜。

百度热搜

你的搜索 成就热点

热点榜 明星榜 电影榜 小说榜 电视剧榜

百度热搜类目示意图

抖音平台热搜

抖音平台也根据用户的搜索行为，打造了热搜榜来展示用户关注和喜爱的热门视频的排名。抖音平台热搜包含热搜榜、视频榜等。

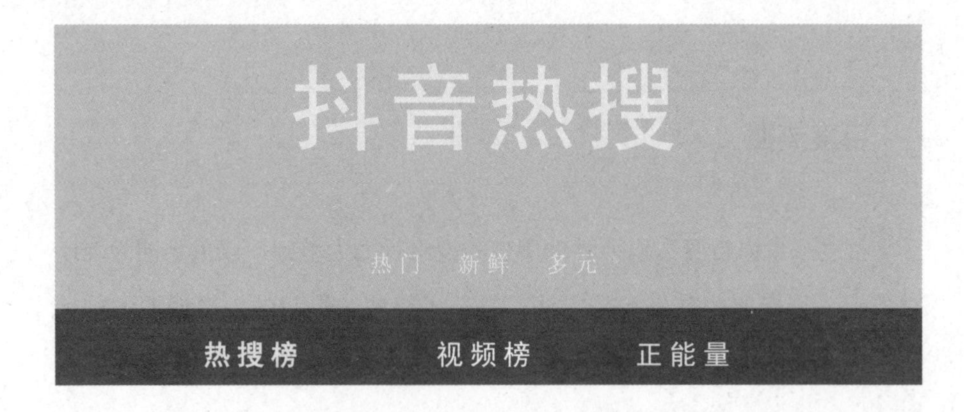

抖音平台热搜类目示意图

知微事见

知微事见是非常齐全的互联网社会热点聚合平台，聚焦热点事件、营销事件等，深度解读事件真相。知微事见平台会展现近期舆论热度走势、近 30 天热点事件等，通过图标的形式呈现，清晰直观。

短视频创作者可以通过以上几种工具来追踪热点关键词，从中了解大众关注的热点话题和事件，进而为用户制作和推送他们关心和感兴趣的短视频。

比如，在每年的高考季，“高考”这一关键词都排在各大平台热搜榜单前几名，这说明人们都比较关心高考这一话题，此时就可以制作与之相关的短视频，为用户推送他们所关注的内容。

2.2.2　根据用户需求，定制短视频标签

不仅仅是个人、群体有标签，就连事物也是有标签的。

现在，提起“新闻”，大多数人会想到今日头条，提起“热点”，很多人就会自然而然地联想到新浪微博和抖音。由此可以看出，标签化已经成为一种普遍的现象。

当将人或事物标签化之后，人们就会对其形成相对固定的印象，当看到这些人或事物时，首先想到的就是其身上的标签。所以在短视频领域也

追求标签化，为视频定制和贴上标签，能让关注这一标签的人很快找到你的短视频作品。

给短视频贴标签的作用

我们时常会遇到这种情况，花费大量时间和精力制作的短视频，投放出去后犹如石沉大海，得不到受众的任何点击和关注，一番辛苦付诸东流。这种情况会让人很困惑，从策划到拍摄再到剪辑，每一步都十分用心，做出的短视频为何没有人看呢？实际上，问题还是出在没有找到具体的目标用户。而之所以找不到目标用户，很有可能是因为没有给短视频贴好标签。

要想制作的短视频被用户关注和喜爱，第一步就是要给短视频定制标签，这样可以让你的短视频具有独一无二、与众不同的吸引力，进而吸引用户群体，提高点击率，积累大量粉丝。

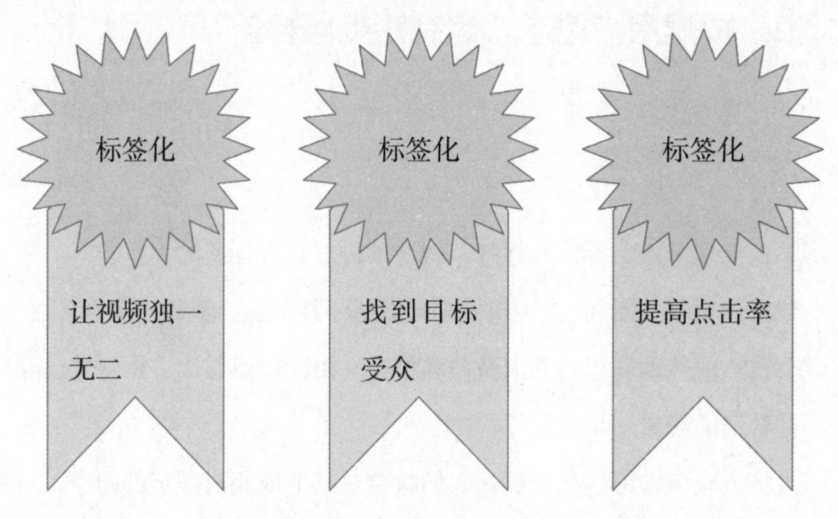

给短视频贴标签的作用

比如，你想要在自己创作的短视频中呈现一个“美食达人”的形象，那么就要在随后的几期视频中集中、全面展现美食达人这个标签。在第一期，你可以讲述一个人是如何成为美食达人的；在第二期，你可以讲述美食达人的日常；在第三期，你可以分享一些美食制作方法……每一期的短视频都贴上美食达人的标签，当人们提起美食，就会想到你的短视频，这样你的短视频就会广泛传播，在短视频大军中找到自己的阵地。

出彩营销

乡村美食达人

现在，很多穿梭于城市之间、每天忙忙碌碌、厌倦了快餐食品的人们，开始追寻心灵的一方净土，想要品味传统手工食物。而有着“质朴”“农村田园”“传统”“美食”等标签的短视频吸引了人们的注意，也满足了人们的需求。

贴着“乡村美食达人”标签的短视频有不少，而且很多都深受人们的喜爱。在这些短视频中，有些制作者将炊具直接搬到户外做饭，有些从去河里抓鱼开始拍摄，具有“返璞归真”的特色，也都非常接地气，因此很受欢迎。

这类短视频不仅找到了目标受众，而且满足了目标群体的需求，人们只要提起美食，就会想到他们。这些短视频制作者的成功还不止于此，有些人甚至创立了自己的品牌，在各大购物平台上卖自己的产品。

如何给短视频贴标签

既然给短视频贴标签如此重要，那么如何给短视频贴标签就成为一个值得思考和重视的问题。当给短视频贴上标签之后，短视频的内容基本上就会围绕标签展开，因此在定制标签时要慎重，并且需要掌握一些技巧。

下面提供一些给短视频贴标签的技巧，教你准确贴标签。

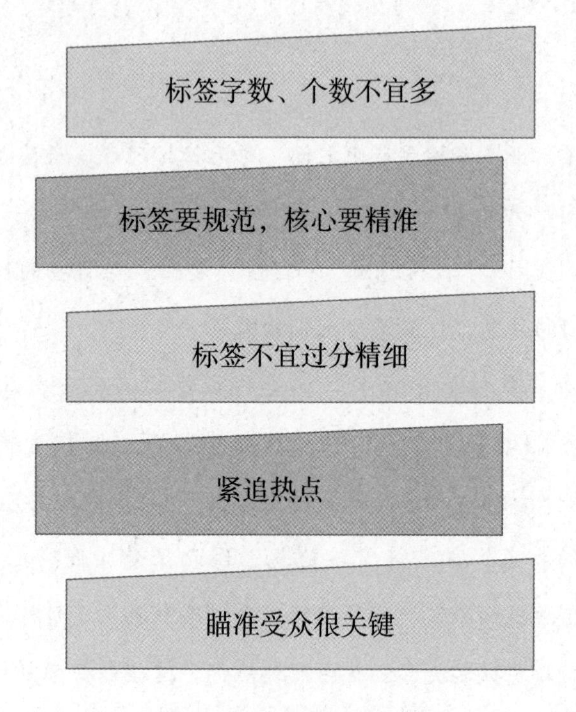

给短视频贴标签的技巧

标签字数、个数不宜多

相信你肯定看到过这样的一些短视频，有的短视频标签极其精简，让人不明所以，有的短视频标签众多，让人找不到重点。很显然，这两类贴标签的方式都是不合理的。

实际上，给短视频贴标签不仅仅表示对短视频的归类，更是表示发给不同的用户群体，所以所设定的标签一定要与该关键词画像的用户群体相符。

通常，短视频标签的字数在 2～4 个之间为宜，个数在 5～8 个之间为宜。标签字数和个数太少，则不利于平台推动和分发，找不到目标用户；标签字数和个数太多，则会失去重点，错过核心用户。比如，“美食”这个标签就太过宽泛，而换成“当地美食”就会具体很多；“办公室娱乐搞笑游戏”这个标签就有些过于烦琐，而换成“办公室游戏”就会好很多。

标签要规范，核心要精准

解决了标签字数和个数问题，接下来就要关注标签的规范问题了，也就是准确性问题。

有些短视频创作者在给自己的短视频贴标签时，认为越夸张越好，覆盖面越广越好，于是采用一些不相关的关键字来吸引用户。比如，给健身类的短视频贴上养生的标签，给美食类的短视频贴上生物科技的标签。可以说，无论你的内容有多好，这样的标签也只会让你的短视频被淹没。

所以，标签的内容要与视频的内容相符合，核心要精准，那些无关紧要、毫无关联的标签要不得。比如，你做的短视频是关于美食的，那么所打的标签就要与美食相关，如“火锅”“烘焙”“甜点”等。

在给短视频打标签时，首先要做到的就是确保标签的准确性，如果标签内容失真，就算标签再多也没用。

标签不宜过分精细

有些人认为，既然短视频标签不能过于笼统，那么就是越精细越好，于是将短视频标签设置得极其精细。这样的认识和做法真的正确吗？显然不是，准确并不表示精细。

比如，关于健身的短视频，你可以为其贴上“运动”“健康”“跑步”等标签，但如果贴上“单杠”的标签，就会大大缩小短视频的受众人群，也会丢失大量的潜在受众，是得不偿失的。

紧追热点

作为短视频的创作者，必须具备一项本领，那就是追热点。某个事件之所以成为热点事件，说明其受到大量受众的关注。如果你能紧追热点，所制作的短视频蹭上了热点，那么曝光率和点击率就会大大提高，也会得到更多的推广。

不过蹭热点也要有底线，前提是符合标签规范，毫无底线的蹭热点是不可取的。

瞄准受众很关键

给短视频打标签，最终目的是找到核心用户，提升点击率。对此，在设置标签的时候就有必要体现目标人群，有针对性地将短视频推送给核心用户，做到有的放矢。

比如，可以在运动健身类的短视频标签中加入“健身达人”“减脂”等关键词，可以在美食类的短视频标签中加入“吃货”“美食专家”等关键字，可以在汽车类视频标签中加入“科技”“高端”等关键字，这样可以瞄准受众，做到精准投放。

2.2.3　“量体裁衣”，你想要的我都有

为什么要“量体裁衣”

要想为短视频找到目标用户，满足用户的需求，并且获得大量推广和点击率，还要学会“量体裁衣”。

所谓“量体裁衣”，就是先为用户“量体”，了解用户的喜好、想法和感受，然后为用户“裁衣”，为用户制作能够满足他们需求的短视频。做到了这些，才能增加用户对短视频的依赖感，即增加用户黏性。

“量体裁衣”也是有方法可循的，你可以通过用户的关注情况、点赞数量、评论内容和转发情况来了解用户的偏好、想法和需求。

短视频平台界面（示意图）右侧有点赞、评论、分享等图标

查看短视频的被点赞、评论和分享情况，就基本可以了解用户的感兴趣的点和大致需求了。

如果关注、点赞、评论和分享的量比较多，说明短视频很受欢迎，符合用户需求，点击率很高，传播量很大。

如果关注的人很少，说明短视频还不够吸引用户，用户可能是一看而过。如果点赞数不多，说明并没有人多少看，不受用户喜爱。如果评论数寥寥无几，说明短视频不够热门，不能引发用户的共鸣。如果几乎没有人分享，说明短视频对用户而言没有多大意义，没有击中用户心理，不受用户认可。可见，对用户加以“量体裁衣”很有必要。

如何“量体裁衣”

满足用户需求对于短视频的意义是不言而喻的，那么如何做到“量体裁衣”，满足用户需求呢?

根据用户的反馈，调整短视频的内容、推送方式等，就可以做到“量体裁衣”，满足用户的需求。获得用户反馈的一个很重要的方式就是与用户互动，根据用户的行为做出回应和沟通。

其中，用户的评论是非常直观且有价值的参考信息和依据，你可以对用户的评论加以汇总，进而了解用户的观点和想法。如果评论中指出短视频“没有意思”，那就要想办法增强短视频的趣味性；如果评论中提出了一些比较好的建议，那么就要虚心接受，进一步改进短视频；如果用户提出了一些合理的要求，那么在接下来的一期中，就要尽量满足用户的需求。

当然，你还可以引导评论，也就是在视频中设置一个能够引发用户共鸣的问题，鼓励用户积极参与，引导用户进行评论。具体可以在封面文字中提出，也可以在标题中提出，还可以在视频的旁白中提出。

与用户互动不能只看用户的评论，还要回复用户的评论，尽量做到及时回复用户的每一条评论，这样可以进一步激发用户的参与热情。

对于那些参与度比较高的用户，可以将他们作为重点培养用户，持续跟进评论，甚至私信沟通。

与用户持续互动，不仅可以深入了解用户的需求，还能激活用户，增加用户黏性，进而根据用户的反馈行为，为用户“量体裁衣”，满足用户的偏好和需求。

2.3

数据获取与分析

各抒己见

上文提到，短视频创作者要根据用户的点赞量、评论数、转发量等来了解用户的想法和需求，那么这些数据信息该如何获取呢？获取这些信息之后，又该如何分析呢？分析它们的意义何在呢？

无论是短视频的制作还是短视频的营销，都离不开数据的导向作用。通过数据获取与分析，短视频营销者能够清楚地了解短视频的播放量、点赞量、转发量等，还能持续了解数据的发展，进而可以据此调整视频内容、发布时间和频率等，提高视频点击率。

2.3.1 数据的获取

数据的获取需要借助一定的平台，通常短视频数据的获取可以借助以下几个平台。

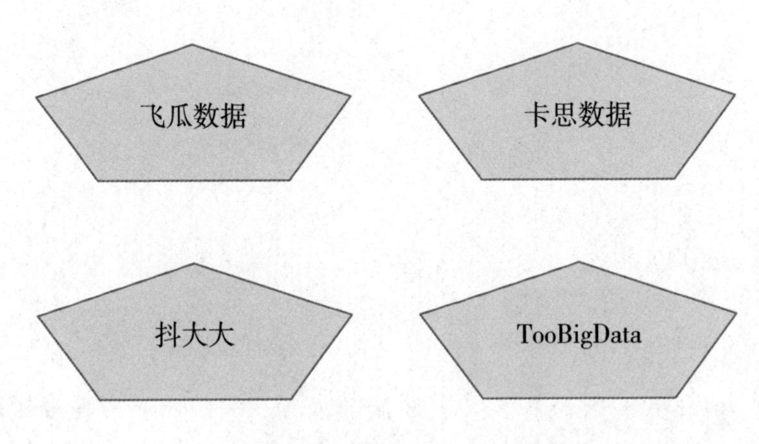

获取短视频数据的几大平台

飞瓜数据

在短视频领域，飞瓜数据属于比较权威的数据分析平台，它能够时时追踪短视频账号数据，能够提供热门视频、热销商品、带货销售数据等，助力内容定位。

飞瓜数据可以提供抖音、快手、B 站、秒拍等平台的数据，包括热门素材、博主查找、数据监测、直播分析、品牌推广等功能。

卡思数据

卡思数据是一个权威的、基于全网各平台的开放式数据分析平台，也是视频内容行业的数据风向标之一。

卡思数据以专业的数据挖掘与分析能力为基础，全方位提供数据查询、趋势分析、用户画像、数据研究等服务，为视频内容创作者在内容创作与运营方面提供数据支持。通过卡思数据平台，可以较全面地了解抖音、快手、秒拍、西瓜视频等平台的详细数据。

抖大大

抖大大是一款由抖音平台发布的数据管理软件，它能够即时、高效地管理抖音账号，分析和监控抖音账号数据，实时追踪短视频数据和热点，辅助短视频创作者更好地制作内容和促进营销。

TooBigData

TooBigData 是一款全面提供和分享各类社交媒体数据的平台，能够为用户提供国内各大知名媒体的颇具价值的数据资料，如抖音、快手、B 站、美拍、西瓜视频、小红书等。

短视频的创作者和营销者应当充分利用这几大平台，从而获得有价值的数据，反过来指导自己短视频内容的制作和运营的方式。

2.3.2 数据的分析

数据分析有什么意义

数据指导营销，所有的营销都要以数据分析为基础，没有了数据分析，营销也就失去了灵魂。

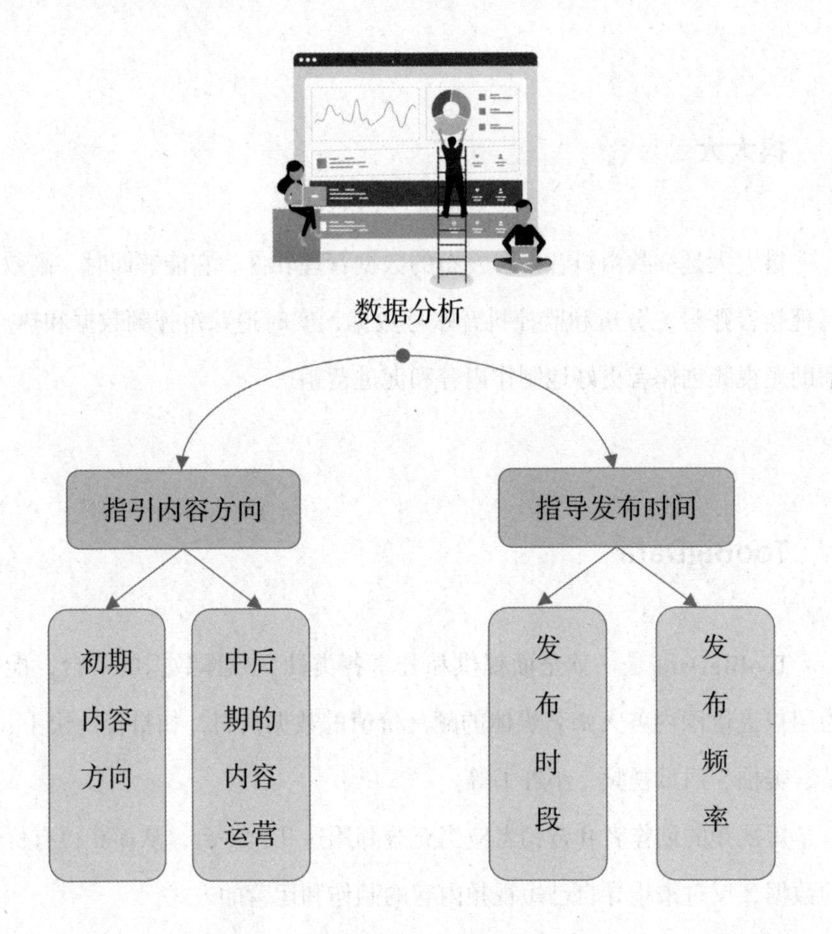

数据分析的意义

第一，数据分析可以指导短视频的内容方向。

“内容为王”这个定律是媒体营销不变的定律，在短视频运营中同样适用。优质内容的制作和营销，是推动短视频流量持续增长的关键因素。而短视频内容的优化则离不开数据的反馈。

具体来讲，数据分析可以指引短视频初期内容的方向。在创作初期，短视频制作团队对市场还没有足够的认识，此时可以通过数据来为内容指引方向。初期通过数据分析可以明确用户定位，确定选题方向，然后根据点赞量、转发量等来了解短视频在用户中的受欢迎程度，进而持续对内容方向进行调整。

当确定短视频内容方向后，接下来还需要不断获取自己账号的各个方面的数据并加以分析，并以此为依据调整后期选题，增加用户黏性，提升点击率。

第二，数据分析可以指导短视频的发布时间。

数据分析指导短视频的发布时间主要体现在两个方面，一是指导发布时段，二是指导发布频率。

每一个短视频平台都有自己的“高光时刻”，也就是观看流量的高峰期，比如抖音观看流量的高峰时段是 11：00～13：00、18：00～19：00、21：00～22：00，所以在这些时段发布视频效果最佳。短视频制作者可以利用各种工具，获取平台的相关数据并加以分析，从而把握发布视频的黄金时间并合理加以利用。

根据数据分析，能够形成符合用户观看习惯的固定发布频率，这样可以有效增加用户黏性。通常，每日或隔天更新一次最佳，必要的时候也可以每周更新一次。

数据获取和分析应关注的内容

在获取数据和分析数据时，以下内容是需要特别关注的。

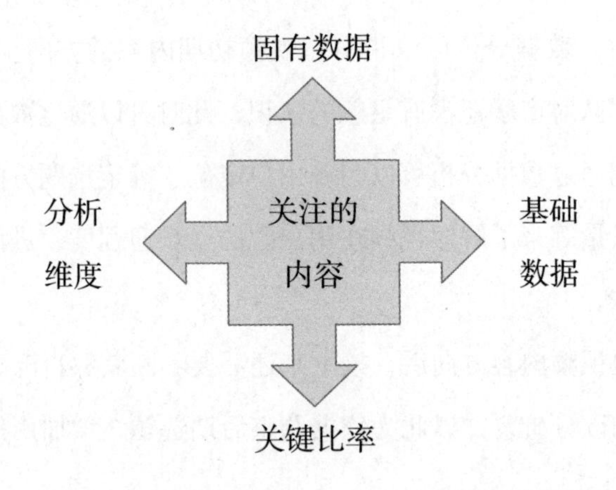

数据获取和分析应关注的内容

所谓固有数据，指的是一些与视频发布相关的数据，包含如下内容。

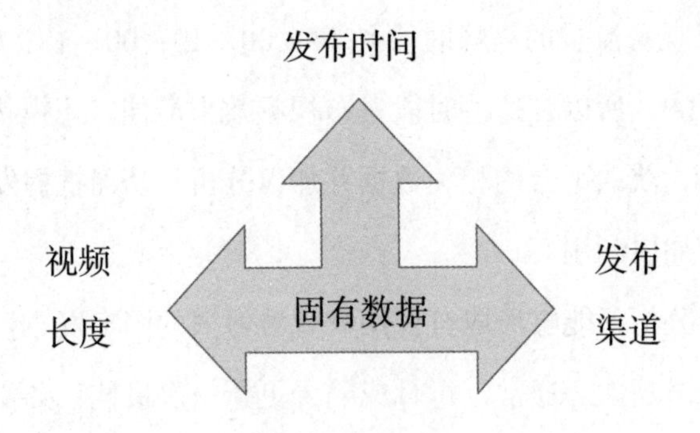

固有数据的内容

基础数据包括播放量、点赞量、评价量、转发量、收藏量等，而且各个数据反映着不同的信息。

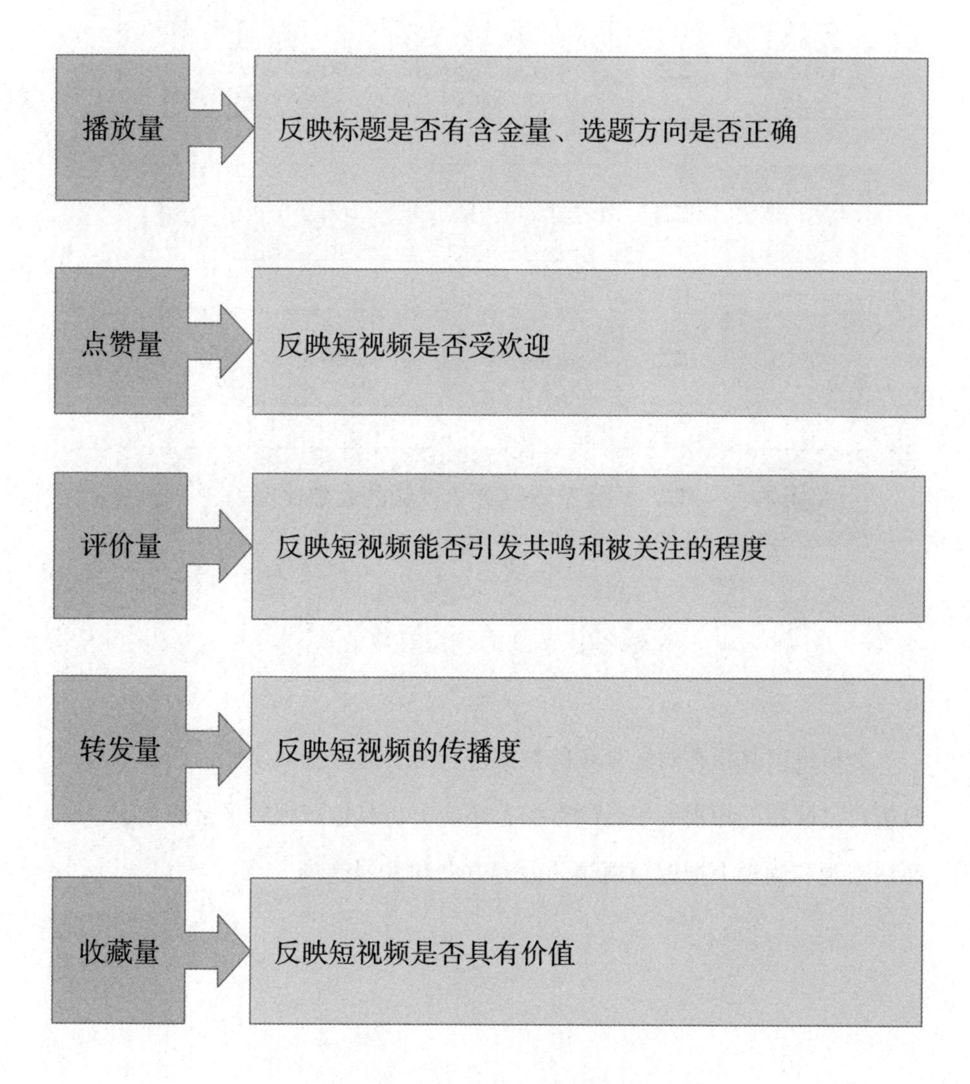

基础数据的内容和反映的信息

关键比率是分析数据的重要指标，也是短视频内容进行改进的关键依据。其具体包含以下内容。

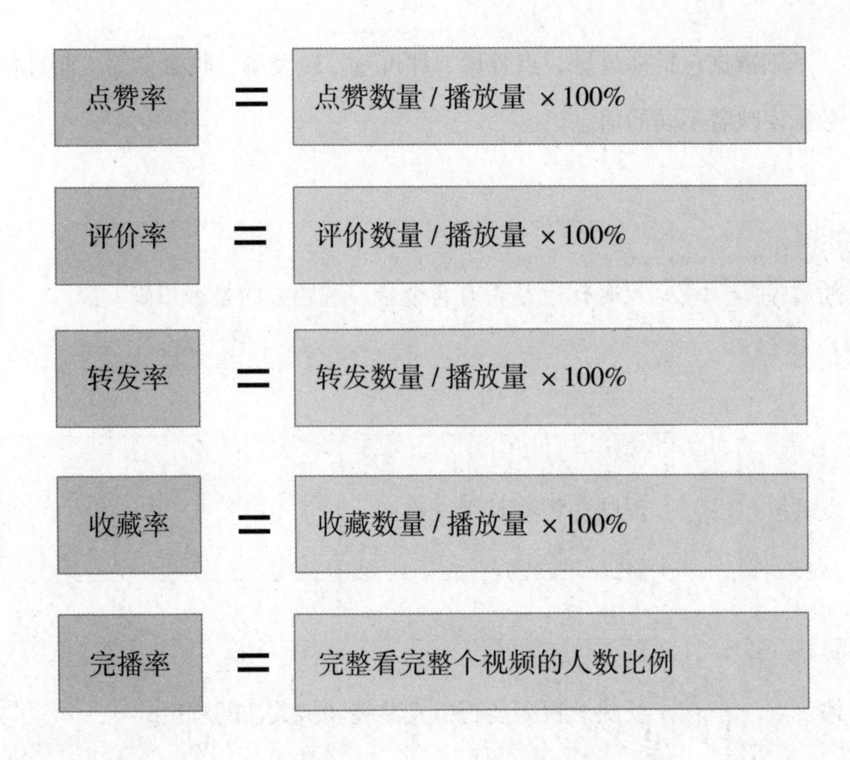

关键比率的内容及其算法

分析维度是指在对短视频的数据进行分析时应全面多元，而且不应只分析自己所在的短视频平台的数据，还应分析其他短视频平台的数据，从而从宏观和微观上把握短视频的内容方向和发展趋势。

第 3 章

聚焦内容：短视频的拍摄与制作

● REC

当下，短视频行业的竞争越来越激烈，短视频受众的眼光越来越“挑剔”，想要获得更多的流量，就必须回归内容，制作有优质内容的短视频。

拍摄和制作有价值、有意思的短视频，不仅需要合适的工具，还要有想法、有创意、巧妙剪辑，这样的短视频才更出彩，也才能吸引受众，持续获取流量。

AUTO

3.1

工欲善其事必先利其器——选择设备

各抒己见

如果你经常刷短视频，你就会发现那些热门短视频都各有各的风格，画质、角度、灯光、色彩都不一样，这当然少不了后期制作，但你有没有想过，那些形形色色的短视频都是用什么样的工具拍摄的呢？

合适且顺手的工具是制作优秀短视频的基础，那么你知道制作短视频时使用的比较流行的工具有哪些吗？

3.1.1 如何挑选一个拍摄设备

如今比较流行的视频拍摄工具主要是智能手机和相机，但手机和相机的类型也多种多样。如果你有很多的想法和思路，并且决定长期制作和发布短视频，那么就要考虑如何挑选一个合适的拍摄设备。

智能手机和各类相机

手机使用最广泛

如果你刚开始做短视频，对短视频制作技术还不熟练，那么可以选择一款像素相对较高、防抖效果较好的手机。

用手机可随拍随发，并且很多短视频软件本身就具有剪辑视频的功能，方便又容易上手，是短视频创作者普遍使用的一种工具。

用手机拍摄短视频

单反相机拍视频更专业

适合拍摄短视频的相机主要有微单、单反相机等，相对智能手机来说，这些相机拍摄的视频更加清晰，画质更好，更专业。如果你对短视频的画质要求较高，那么很有必要准备一款相对专业的相机。

单反和微单相机拍摄效果都比手机好，只是微单相机比单反相机更为轻便，具有携带方便的优势，单反相机则更加专业。

用单反相机拍摄短视频

3.1.2 如何选择视频制作软件

如果你要想吸引更多粉丝关注，就要制作好看又有创意的短视频，那么选择合适的视频制作软件就变得非常重要。

可以制作短视频的软件有很多，这里给出三种不同的选择，分别是短视频平台、手机原装相机以及单独的短视频剪辑软件。

短视频平台

如果你只是简单分享自己的生活，那么现在很多发布短视频的平台都可以制作短视频，而且简单方便，制作完成之后就能马上发布。

以抖音短视频软件为例。打开软件进入其界面，点击下方的“+”标志，就可以拍摄、制作和发布自己的短视频了。

手机原装相机

智能手机的原装相机（也称手机自带相机、手机原生相机）中一般也会有制作视频的功能，而且效果也不错。你可以多多熟悉一下自己手机的原装相机，就能发现很多令你惊喜的功能，比如慢动作拍摄、多景录像，再比如拍摄一段视频后点击“编辑”，跳转到视频剪辑界面。

手机原装相机界面

短视频剪辑软件

比较实用和专业的视频剪辑软件也有很多，通过视频剪辑软件能够制作出更加有趣、丰富和精美的视频。比如常用的短视频剪辑软件有VUE Vlog、剪映、快影、快剪辑、Soloop 即录等。

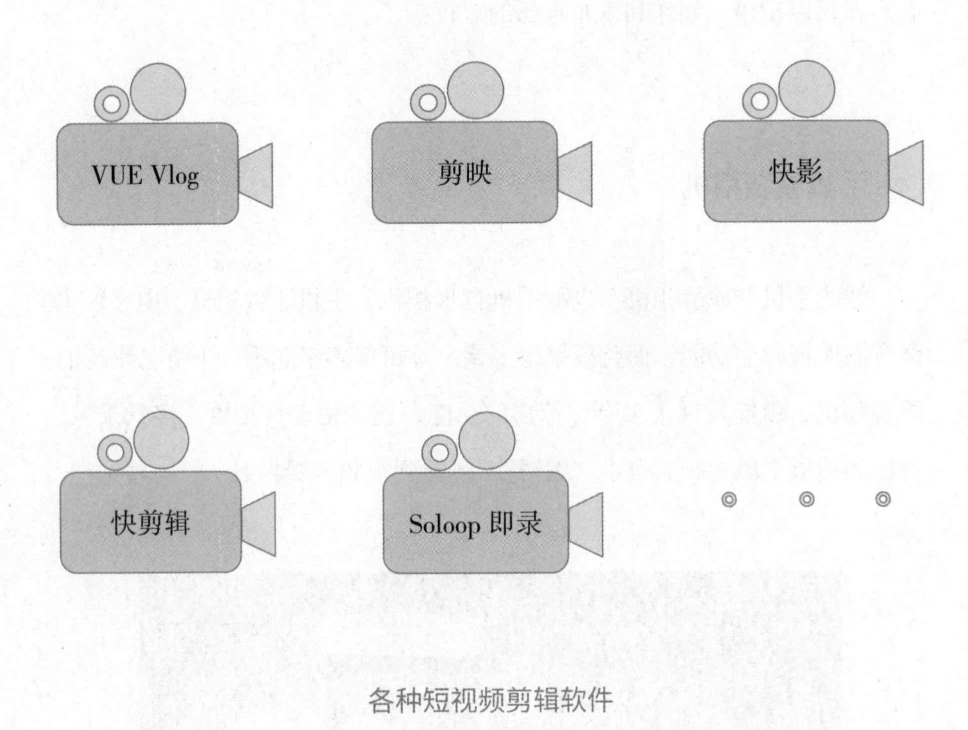

各种短视频剪辑软件

VUE Vlog

VUE Vlog 是一款应用较为普遍的短视频剪辑软件，其中剪辑和制作的各种功能比较全面，界面也简洁大气，使用方便。此外，VUE Vlog 中的音乐等素材比较丰富，特别是有一些非常经典的滤镜效果，制作字幕时，既可以手动输入，也可以用语音识别。

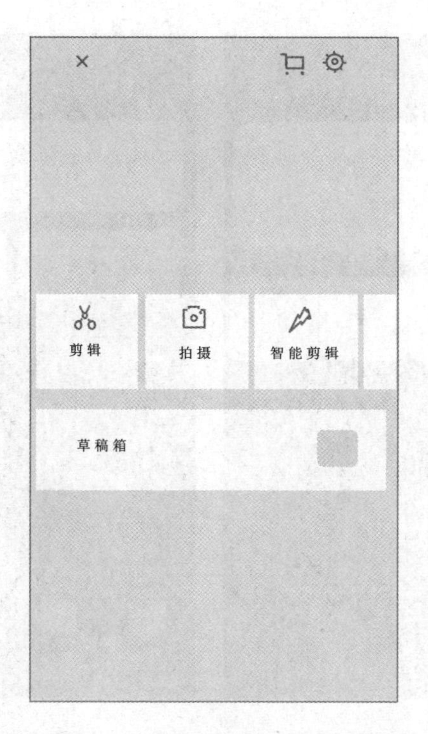

VUE Vlog 短视频制作界面示意图

剪映与快影

剪映是由抖音官方推出的一款短视频剪辑软件，支持切割、变速、转场、美颜、滤镜等多种功能。此外这款软件还有拍同款、录屏等功能，如果你需要制作录屏或者想要跟别人拍同款，可以使用这款软件。

快影是快手官方推出的视频剪辑软件，其功能和用法与剪映差不多。如果你要在快手和抖音上发布短视频，那么这两个视频剪辑软件就非常实用了。

剪映界面示意图

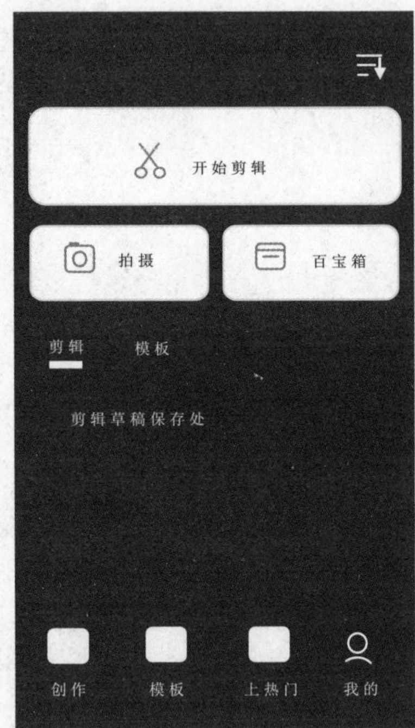

快影界面示意图

快剪辑和 Soloop 即录

打开快剪辑软件，你会发现它的功能非常齐全，模板、滤镜、变速、去水印、录屏等各种功能应有尽有，而且其音频素材也非常丰富，还能边录制视频边识别字幕。快剪辑的各种功能使用简单、快捷和方便，容易上手，零基础也能制作出精美的短视频，视频制作好之后还能分享到快手、抖音、爱奇艺、优酷、今日头条等多个平台。

Soloop 即录也是一款非常快捷的视频剪辑软件，其独特之处就是有很多好看的模板，点击你喜欢的模板，导入视频或照片，很快就能生成精美的短视频作品。Soloop 即录的“自由剪辑”里的功能与其他视频剪辑软件差不多。

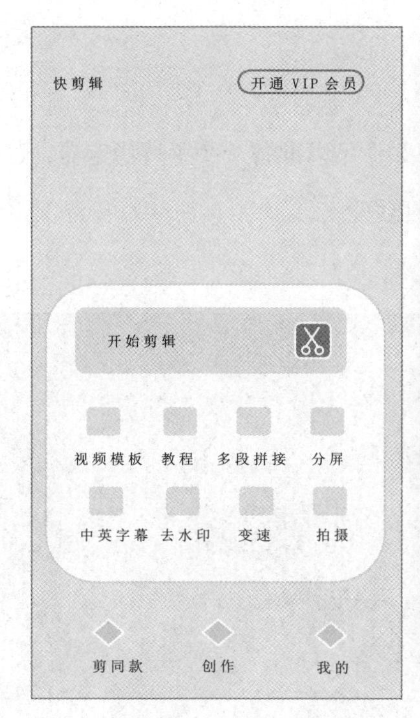

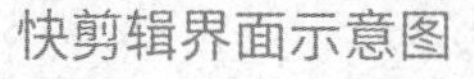
快剪辑界面示意图　　Soloop 即录界面示意图

3.1.3　如何选择拍摄好搭档——拍摄稳定装置

在拍摄视频的时候，如果你的设备没有配备稳定装置，那么拍出的视频容易出现不稳、抖动的现象。在需要走动拍摄的时候，使用稳定装置非常重要。拍摄视频的稳定装置有很多种，常用的主要有稳定器、三脚架等。

稳定器

如果你平时用手机拍摄视频，那么你可以准备一个手持稳定器，这样拍摄时就不容易抖动，拍摄效果也会更好。

手持稳定器

三脚架

三脚架可以说是拍摄视频的利器，有了三角架之后，不管是用手机还是用相机拍摄，拍摄出的视频都比较流畅和平稳。此外，三脚架还可以调节高低，这样在拍摄中找到一个合适的高度就变得简单了。

用三脚架固定相机拍摄视频

3.2

内容是王道，优质视频更吸睛

各抒己见

拍摄设备以及用于短视频制作的软件很多时候也只是一种辅助的工具，要想做出真正能够引流的优质视频，还要在拍摄内容上多下功夫。

打开短视频软件，你就会发现，很多好的短视频都有其独特和富有创意的内容，那你知道什么样的视频内容才算得上是优质内容吗？结合经验谈谈你的看法。

3.2.1 什么才是优质内容

优质的内容一般都充实、顺畅、主题明确、逻辑清晰。而优质的短视频内容还要满足用户的需要和喜好。

总体而言，知识类、情感类以及富有创意、个性和趣味性的内容比较受大众欢迎。想要制作出吸睛的好作品，你可以多多关注公众喜闻乐见的短视频类别，然后从中找到自己感兴趣的部分，确定自己的短视频内容类别和风格特征。

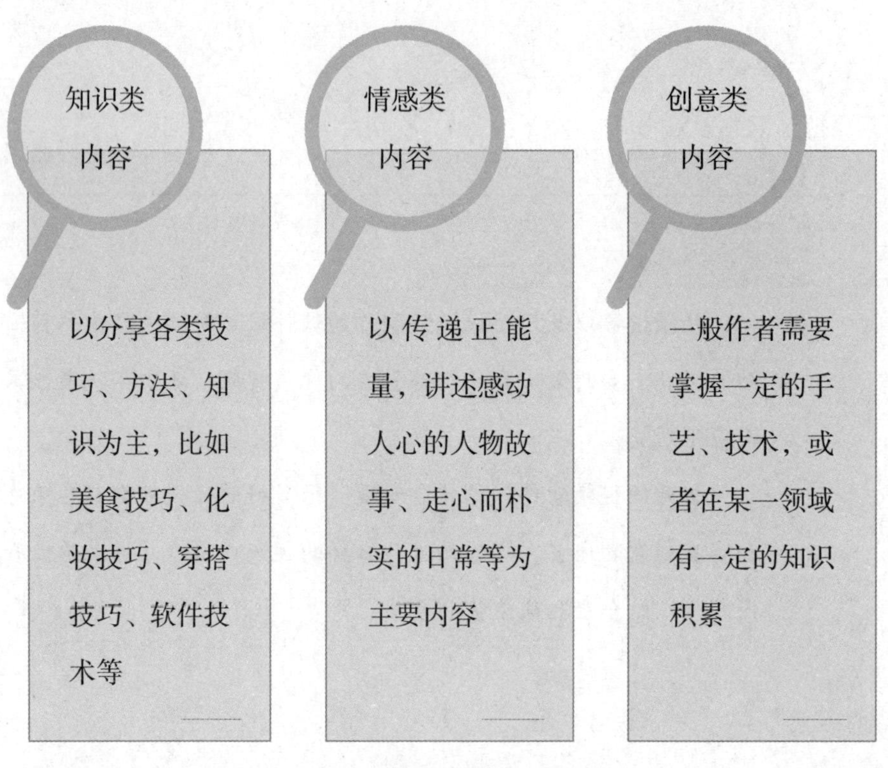

比较受欢迎的各类短视频内容

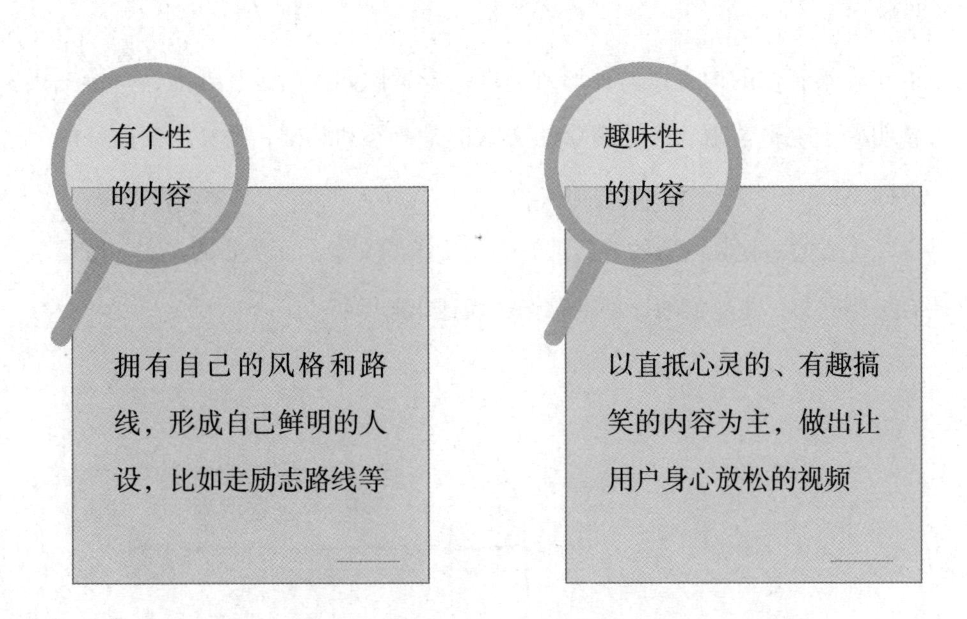

比较受欢迎的各类短视频内容

3.2.2　掌握制作优质内容的秘诀

要制作出优质的短视频内容，只确定选题方向是不够的，还需掌握一些制作短视频内容的技巧和方法。

必须做好文案

这里的文案，是指短视频中出现的各种内容提示性语句或营销宣传类语句，不管你的内容以何种形式呈现，或者做如何的包装处理，一份主题明确、逻辑清晰、表述精彩的文案都是核心和基础，是必须要做好的方面。

优质的短视频内容的背后都有一份优质的文案，而优质的文案一般具有结构完整、主题清晰、逻辑顺畅、表述出彩等特点。

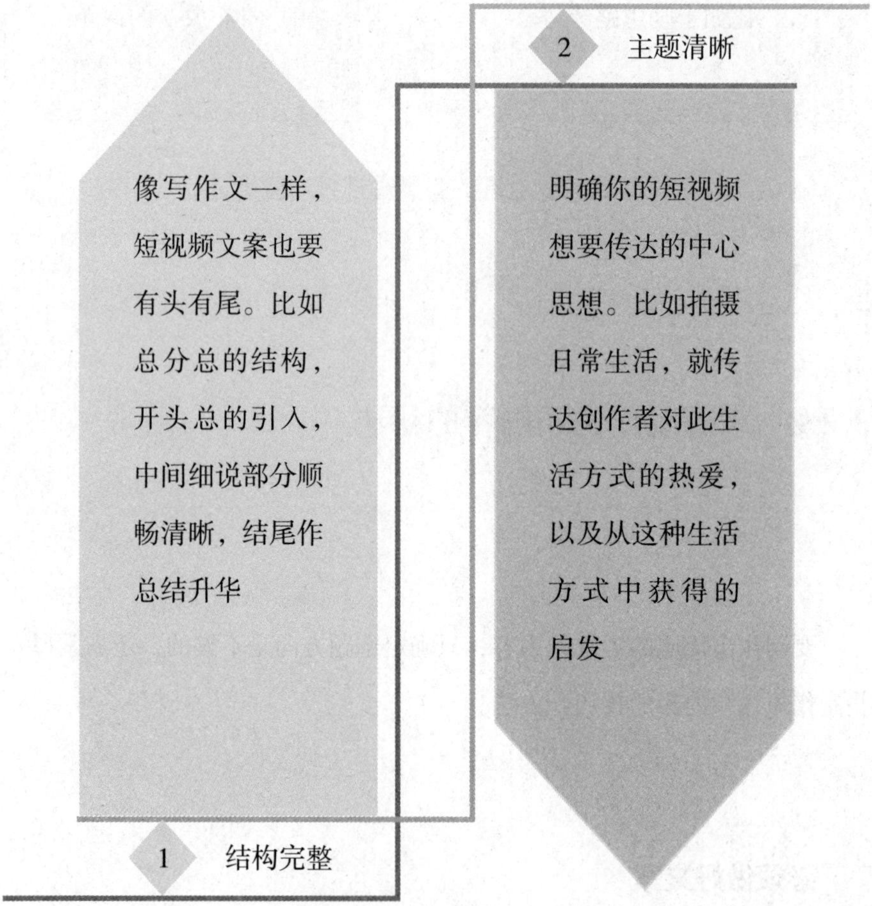

2 主题清晰

明确你的短视频想要传达的中心思想。比如拍摄日常生活，就传达创作者对此生活方式的热爱，以及从这种生活方式中获得的启发

像写作文一样，短视频文案也要有头有尾。比如总分总的结构，开头总的引入，中间细说部分顺畅清晰，结尾作总结升华

1 结构完整

优质短视频文案具有的特点

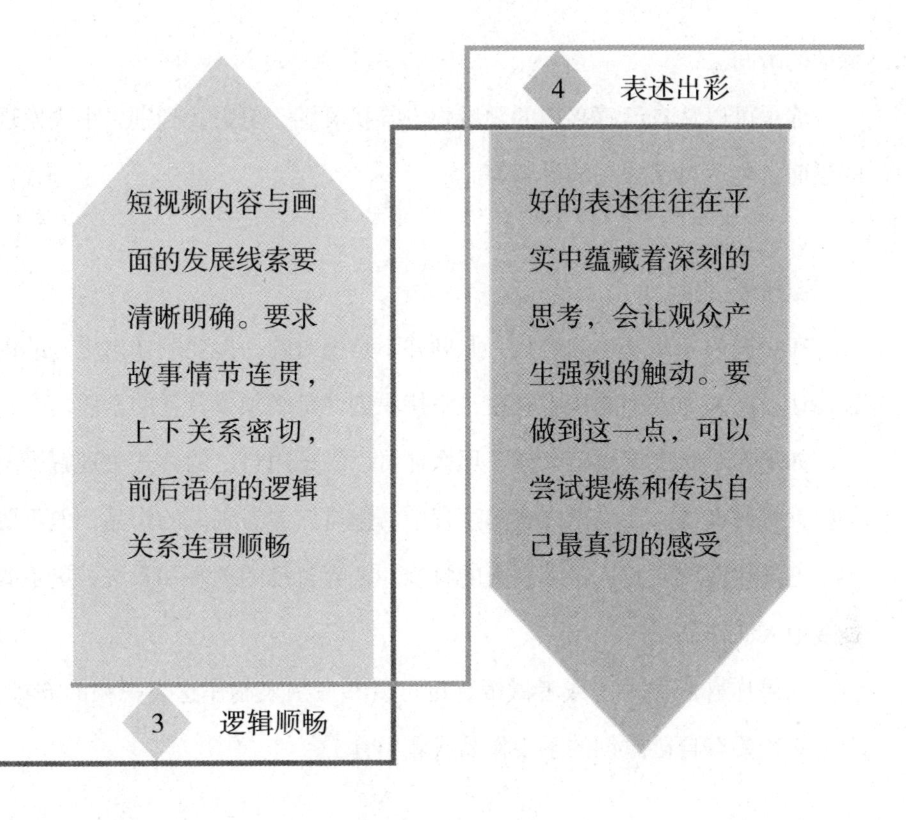

优质短视频文案具有的特点

这样做让内容更出彩

增添创意

有时候，好的选题方向、好的文案并不一定就能让你的短视频出彩，要出彩就要突出一些特别的“点”，这些特别的“点”就是创意。

那么，特别的“点”要怎样去发现呢？

你可以多关注自己身边的事物，尝试用不同角度去认识人和事物，或者在平凡和普通的事物中找到不平凡的点，努力去捕捉那些能让你兴奋和触动的瞬间。

你也可以从自己感兴趣的领域中去寻找灵感，努力找到别人很少发现的层面，传达自己独到的见解等。

坚持原创性

在短视频如此发达的时代，原创并不是绝对的，但要制作出更好的内容，让自己和他人都能从中获益，坚持原创性是必须要具备的素质。

如果你对时事比较感兴趣，那么你可以尝试用自己的方式去理解当下一些火热的事件。在输出内容的过程中，你可以参考别人的作品，但不要为了追随热度就附和、跟随别人的脚步，舍弃自己的理解和看法，更不要抄袭他人的作品。

如果你喜欢做手工或者做饭，也可以参考别人制作这类视频的方式，但是必须要有自己原创的手工作品或者美食。

拍摄美食类视频的 Vlogger

抓热点

热点就是在特定时间段里，公众最关心的热门话题、事件等。如今的媒体、自媒体“蹭热点”的做法已经非常普遍，学会蹭热点可以说是短视频创作者必须掌握的一个营销技巧。

但是，热点也不能盲目地去蹭，而是要在清楚地掌握和了解了热点信息之后，再去找此热点与自己视频主题的完美契合点，这样融合才能更顺畅，制作出比较优质的与此热点相关的短视频。

提升趣味性

有趣才能吸引人，如今一些主题内容相对严肃的短视频创作者都开始注重趣味性了，比如新闻联播的短视频号。

那么，怎样让视频更具趣味性呢？你可以尝试加入一些轻松、具有互动性的语言，或者用自己的个性创造趣味点，比如独特搞笑的声音或者动作等。一些分享萌娃日常的自媒体账号，往往会结合萌娃有趣可爱的性格、动作，以及与家长的搞笑互动来提升趣味性，给人留下深刻的印象。

保持新鲜感

公众一般都喜欢新鲜有趣的事物，如果你的短视频一直使用同一个风格、同一种背景，甚至内容也都极其相似，那么观众看多了就可能会产生审美疲劳。

那么，该怎样保持新鲜感呢？第一，发现和创造更多有意思的主题和内容，不要总是重复一件事情或者一种风格。第二，在拍摄的时候变换不同的场景，给观者带来视觉冲击和新体验。第三，变换短视频的色彩、光影等。

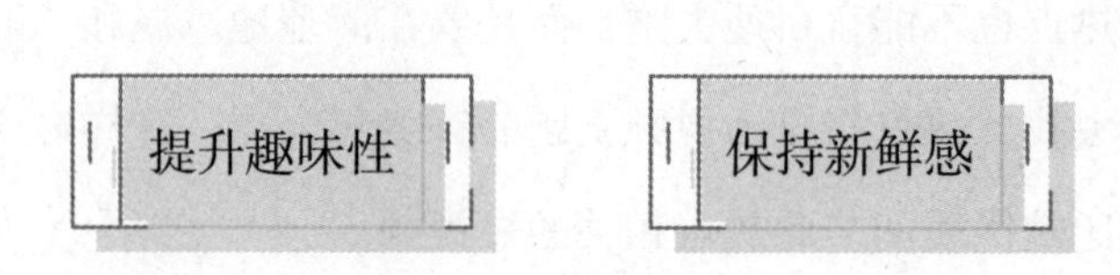

让短视频内容出彩的点

坚持，就会有进步

坚持输出，才能被更多人关注，也才能在内容制作上积累更多的经验，从而做出更好更优质的短视频内容。

坚持做下去就要确定自己的路线，输出更多有深度的内容。那么如何坚持做有深度的内容呢？这就要涉及内容细分、垂直深化发展的问题。对此，你可以从以下几点开始做起。

第一，注意抓住用户群，聚焦某一类受众群体，并向受众需要和感兴趣的方向靠拢，比如分享带娃经验，主要针对的是妈妈群体；美妆、婚姻等主题主要聚焦女性群体。

第二，深入关注某一场景，比如旅游、运动。

第三，展现一种公众喜欢的生活方式，比如悠闲自在的田园生活。

短视频中的惬意田园生活画面

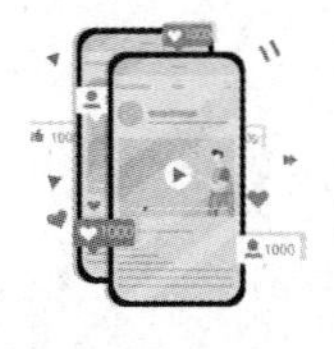

出彩营销

好的短视频内容贵在创意

各短视频平台上有一系列以动漫人物为主角的短视频非常受大众喜爱，其中有一位叫僵小鱼的动漫人物，可爱呆萌，视频非常有创意，吸引了很多粉丝，以它为主角的一系列短视频的创意点主要表现在以下两点。

第一，颠覆公众的常规认知。短视频的主角与大众以往的形象认知存在“颠覆性”差异，这会让受众更觉得新奇、有趣。

第二，短视频作品中，动漫人物和真实场景相结合，给人一种非常特别又真实的观看体验，深受观众的喜爱。

3.3

声音与字幕，为视频锦上添花

各抒己见

一段视频包括视频画面、音频以及字幕等各种元素，只有当这些元素都恰当地组合在一起的时候，短视频的观看体验才会更加舒服、逻辑清晰、主题突出。

所以，录制好一段视频之后，在剪辑的过程中最好给视频加上字幕和声音，用以突出其主题和烘托氛围。你平时制作短视频都是怎样编辑声音和字幕的呢？效果如何呢？

3.3.1 视频的灵魂——音频制作

声音是视频中非常重要的一部分，它可以突出主题，制造氛围，还可以与视频配合制造出很多其他的效果。

需要注意的是，在制作视频时，视频画面和音频要保持同步，不能出现画面与配音错位的状况。

在本章第一节中介绍的视频剪辑软件 VUE Vlog、剪映、快影、快剪辑、Soloop 即录等都可以为视频配音，以下介绍每个软件的配音方法。

VUE Vlog 添加音频

打开 VUE Vlog 软件，点击界面下方的相机标志，进入短视频的制作界面。

点击“剪辑”，导入视频，进入视频编辑界面，点击“音乐”按钮进入音频编辑界面。

在音频编辑界面的视频轨道下面，有添加音乐的轨道和添加录音的轨道。

点击“添加音乐”，界面会跳到音乐选择界面，你可以在系统自带的音乐分类中选择音乐，也可以从手机中选择本地音乐。还可以点击“从视频提取”，这样你的视频中的音频会被单独提取出来（或者你也可以从别的视频中提取音频），放到“我的音乐”中，音频被单独提出来更方便编辑。

点击“添加录音”，你可以录入自己的话，录完后点击完成就可以了。这样录出来的音频也是单独的片段，可以做切割、替换等编辑。

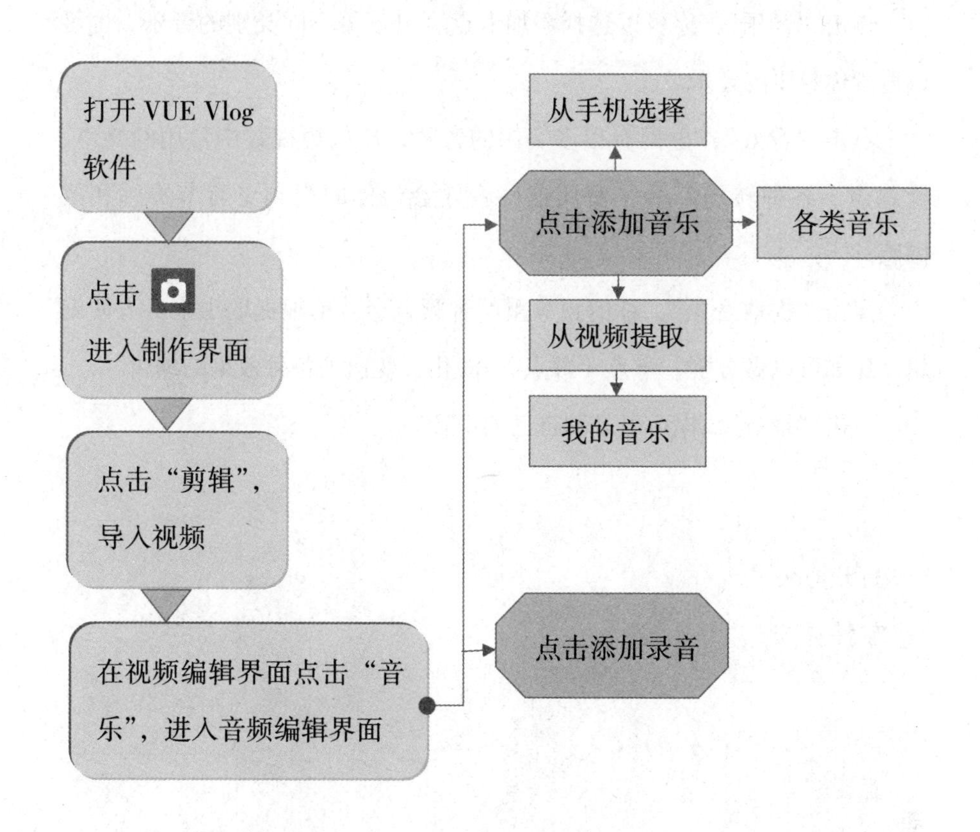

VUE Vlog 软件音频添加流程

剪映添加音频

打开剪映软件，在首页中点击“开始创作”，导入你的视频。

在视频编辑界面下面点击“音频”按钮，或者在视频轨道下方点击“添加音频”，进入音频编辑界面。

在音频编辑界面下方，有一排按钮，包括音乐、音效、提取音乐、抖音收藏、录音等。

点击“音乐”，你可以选择添加卡点、Vlog等不同类别的音乐，也可以搜索你想要的音乐。

点击“音效”，里面有很多实用的音效，比如短视频中常用的笑声、疑惑声、各种转场声等。使用这些音效会让你的视频更有节奏感和氛围感。

点击“提取音乐”，你的视频里的音频就会被单独提取出来，方便编辑，比如可以做分割、卡点（踩点）、淡化、变速等各种效果的编辑。

点击“录音”，你可以录制自己的声音。

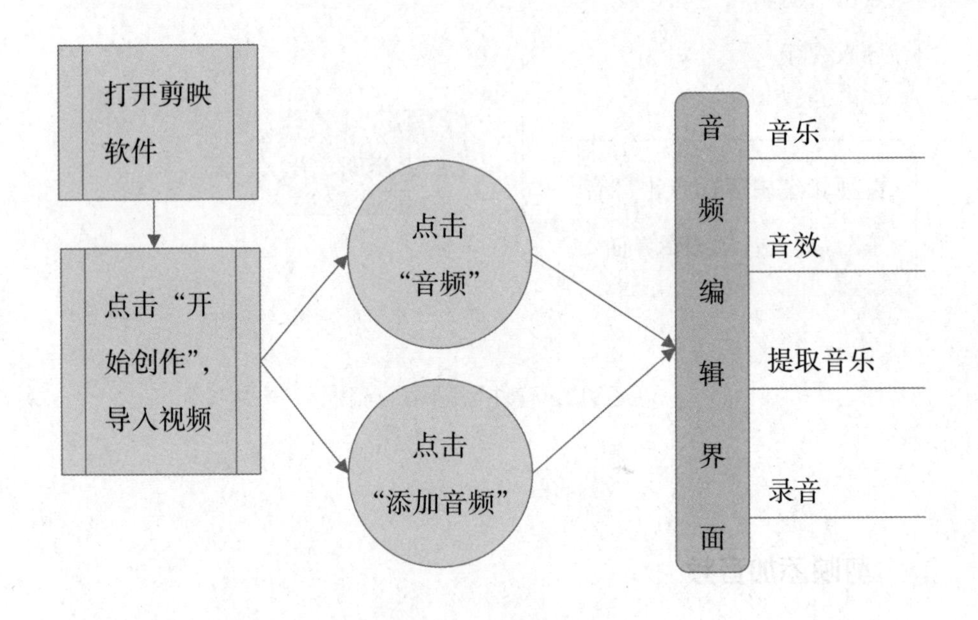

剪映软件音频添加流程

快影添加音频

打开快影软件，在首页中点击“开始剪辑”，导入视频。

在视频编辑界面中点击“音效”，音频编辑按钮就出现了，主要有视频原声编辑按钮以及音乐、提取音频、音效、智能配音、录音等按钮。注意，这里点击视频轨道下的“添加音频”只能添加一些歌曲。

点击“视频原声”，你可以对原声进行一些编辑，比如变声、降噪、调节音量大小。

“音乐”“提取音频”“录音”等按钮，功能与剪映相近。

点击“智能配音”，你可以输入文字，系统会自动帮你转成音频，而且还可以设置不同的声音。总体来看，在这里编辑音频，对于不想暴露原声的朋友来说是非常实用的。

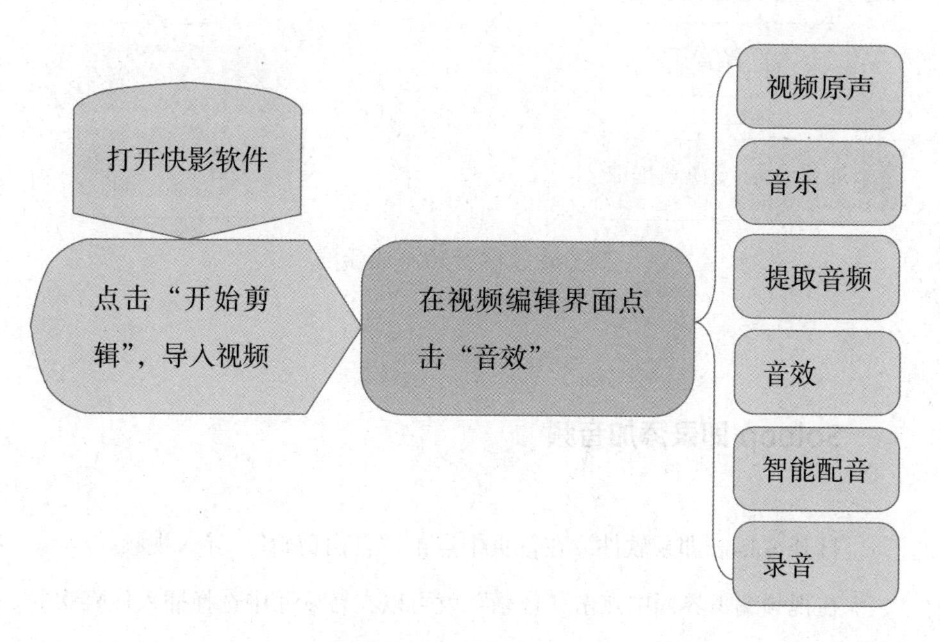

快影软件音频添加流程

快剪辑添加音频

打开快剪辑软件，在首页中点击“开始剪辑”，导入视频。

在视频编辑界面中点击“音频”，进入后可以添加云音乐、音效、录音等。

在视频编辑界面中点击视频轨道下方的“音乐”，就只能添加云音乐和视频提取音乐。

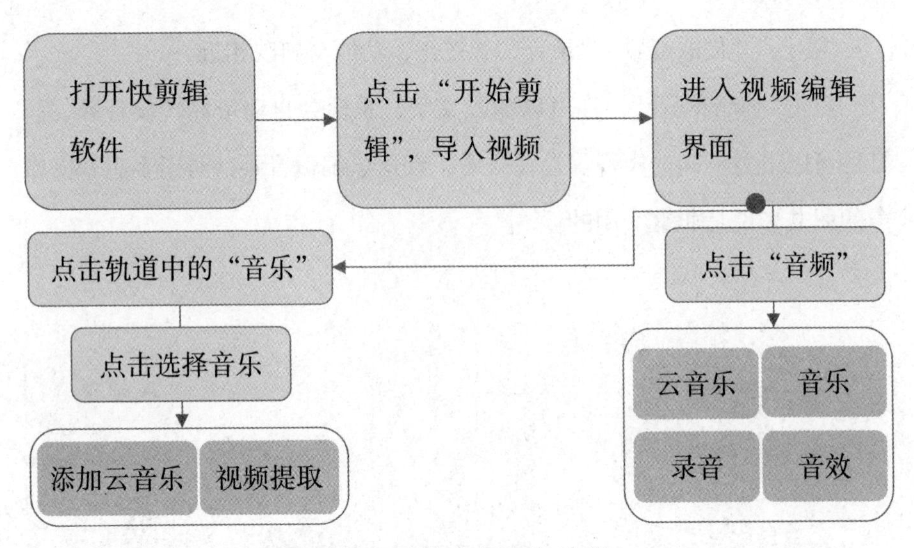

快剪辑软件音频添加流程

Soloop 即录添加音频

打开 Soloop 即录软件，在首页中点击“自由剪辑”，导入视频。

在视频编辑界面中点击“音乐”就可以在音乐库中选择插入你喜欢的音乐。回到音频编辑界面后，在视频画面的下方，有音乐库、音效、提取等按钮可供选择，如提取即提取原视频或者其他视频中的音频。

3.3.2　视频加分利器——字幕制作

一个内容优质、有创意的短视频必然少不了字幕，而现在很多制作视频的软件中都有添加字幕的功能，并且能够通过语音识别在合适的位置添加字幕，为你节省很多时间。

字幕可以通过手动添加，也可以用语音识别自动添加。本章中提到的几个短视频剪辑软件都可以添加字幕，VUE Vlog 如果不开通会员，就只能手动添加字幕，其他软件都可以用自动语音识别字幕。

以下以 VUE Vlog 软件的手动添加字幕以及剪映软件语音识别字幕为例，为你介绍短视频制作字幕的方法。

VUE Vlog 手动添加字幕

打开 VUE Vlog 软件，在首页中点击“剪辑”，导入你的视频，进入视频剪辑界面。

点击视频剪辑界面下方的“文字”按钮，再点击“字幕”，接着在播放视频的过程中按住红标在合适的位置添加字幕。

当然，这种随着视频播放手动添加字幕的方式很容易出现错位，所以，可首先将视频片段切割成几部分，然后在需要字幕的部分再手动添加。

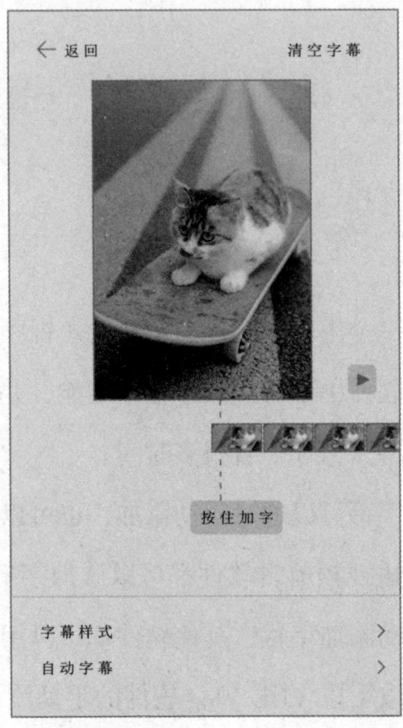

VUE Vlog 手动添加字幕示意图

剪映语音识别字幕

打开剪映软件，在首页中点击开始创作，导入你的视频，进入视频编辑界面。点击界面下方的“文字”按钮，再点击“识别字幕”，等待几秒钟，字幕就自动出现了。

当然，自动识别的字幕可能会有出错的地方，你可以在识别好的字幕上面进行编辑和修改，还可以拖动它的位置。

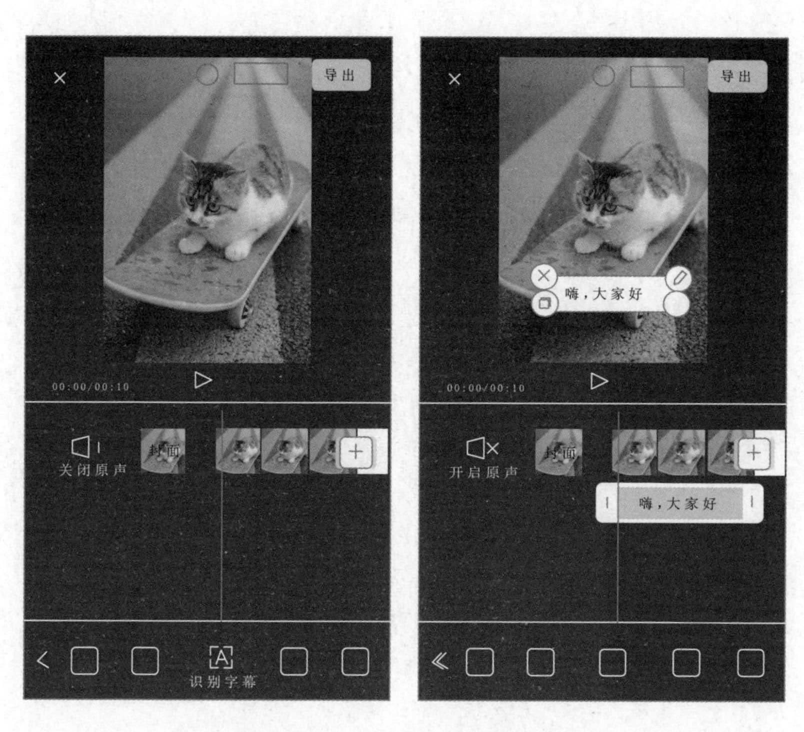

剪映软件自动识别字幕示意图

3.4

创意剪辑，让视频更出彩

各抒己见

一个出彩的短视频作品，不仅需要构图完美、逻辑流畅的画面，优美、合拍的音频，准确恰当的字幕，还需要创意、独特的效果。搭配使用各种剪辑技巧，你的视频才能更有创意、更出彩。

那么，你知道哪些剪辑的技巧呢？这些技巧如何搭配才能让视频更精彩、更吸引人呢？

3.4.1 巧用特效，视频才更独特

所谓特效，就是给视频画面增添一些富有动感的效果。

在各种短视频剪辑软件中，或者在抖音、快手等短视频平台制作视频的界面中，都有添加特效的功能，而且里面的特效种类非常多。

这里以剪映软件为例，介绍短视频剪辑特效类别。

在剪映软件中导入视频，再在视频编辑界面下方找到“特效”，点进去后有⃠标志（表示不用任何特效）、收藏（自己收藏了才能看到）、热门、基础、氛围、动感、爱心、综艺、Bling等众多选项，基本每一项中都有很多种特效可供选择，在这里你可以找到与自己的短视频契合的特效。

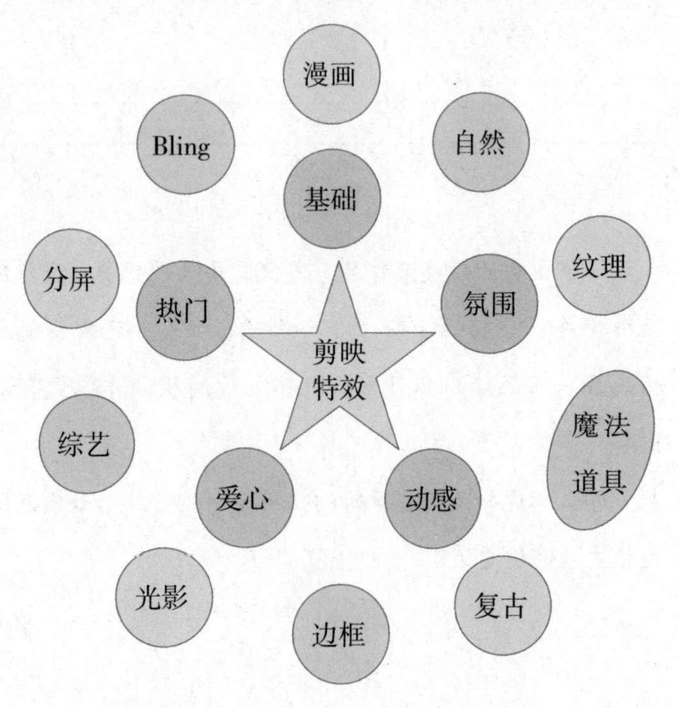

剪映软件中丰富多彩的特效分类

除了上述特效操作，软件中通常还有变速、画中画、动画、蒙版等特效功能，使用这些功能也能制作出一些独特的视频效果，你可以多多尝试。

3.4.2 色彩会带来不同的感受

色彩在传达情感、塑造意境、创造氛围等方面起着非常重要的作用。所以，在视频中调出比较契合主题和意境的颜色，会给受众非常好的观看感受。在剪辑软件中为视频调色的方法主要有滤镜调色和手动调色两种。

滤镜调色

滤镜与特效一样，是常用的剪辑软件中都有的功能，而且有很多种类可以选择，每一种所呈现的色彩都不相同。

以下以快影为例，介绍滤镜功能。

在快影中导入视频，然后点击导入的视频片段，在界面下方找到滤镜，点击进入“滤镜”，里面有原图（没有滤镜）、热门、人像、质感、风景、胶片、电影、复古、油画、美食等选项，每个选项里又有多个滤镜效果可供选择。

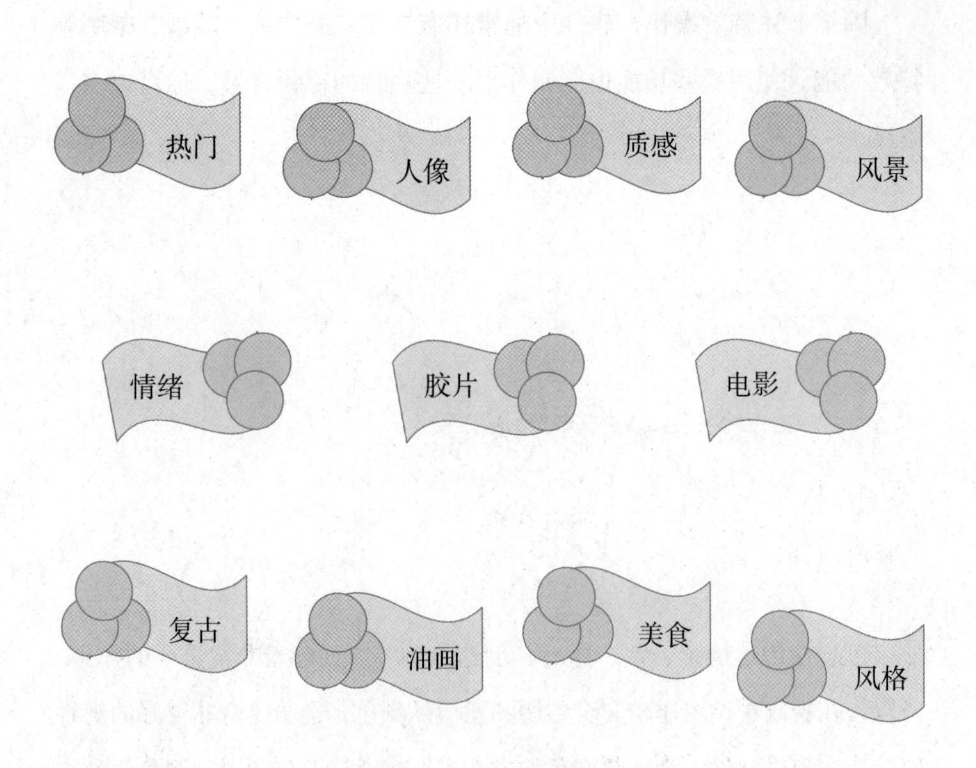

快影软件中的滤镜分类

手动调色

如果你有一定的视频剪辑基础，你可以尝试手动调色，这样通过自己调节，自主发挥的空间更大，更容易调出满意的视频画面色彩。

手动调色功能在不同的软件中有不同的名称，比如 VUE Vlog 中叫作“画面调节”，剪映和快影中叫作“调节”，快剪辑中叫作“画质”。

以快影为例，在视频编辑首页的“调整”中找到“调节”，点开“调节”按钮，里面有很多调节光影和色彩的按钮，包括曝光、对比度、饱和度、自然饱和度、锐化、高光、阴影、色温、色调、褪色、暗角、颗粒等。在尝试使用的过程中，你会慢慢发现这些功能的绝妙之处。

3.4.3　自然的转场让视频更流畅

在剪辑视频的时候，我们经常需要将一些视频片段放到一起，组成一个完整的作品，如果不对两段视频相接的地方做处理，视频切换就会显得很生硬、不自然，这时候就要用到转场的技巧了。

转场主要指分割和链接两段视频的技术，所以只有将两个及以上视频片段放在一起时才能添加转场效果。转场技术包括特效转场和无特效转场。

特效转场

特效转场顾名思义就是添加某种特效作为过渡，让两段视频能更顺畅地转换。

在各种视频剪辑软件中就有很多不同的转场特效，一般包括淡入淡出、翻页、叠加、擦除、分割、模糊、闪黑闪白等。

不同软件中的转场特效也不相同，在剪映、快影等软件中，都有非常多的转场特效。

转场特效的添加方式有两种。

第一，点击两段视频相接处，就会跳出各种转场效果，选择适合的特效添加即可。

第二，用音频卡点的方式添加转场。导入音频片段后，在片段上找到你想做转场的位置，在这个位置上卡点，或者踩点，然后根据点添加视频片段，根据音频中的点调整好视频片段的长短，然后点击视频片段相接处添加转场特效。

在视频片段之间加入转场特效之后，还可以在相同的位置添加转场音效，这样会让你的视频更有节奏感。

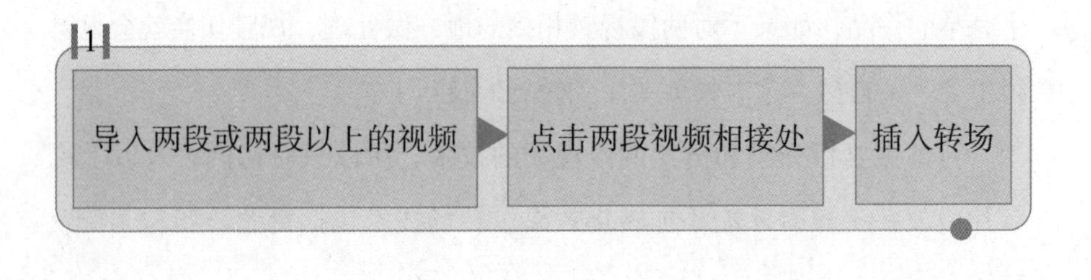

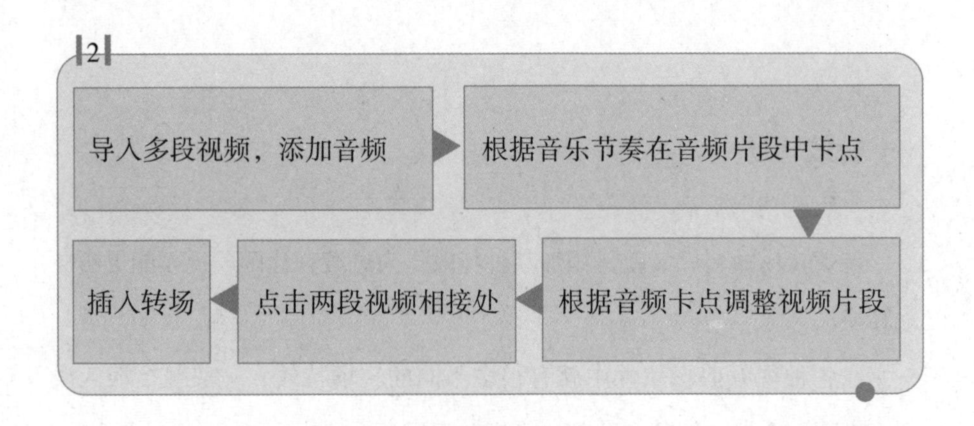

添加特效转场的两种方式

无特效转场

无特效转场是相对专业的一种转场技巧，即不借助任何特效，用画面的剪接技术来完成，这种方式非常考验视频剪辑和拍摄技巧，有一定难度。

无特效转场技巧也有很多种，常用的有两极镜头转场、特写转场、声音转场、空镜头转场等。

3.4.4　倒放和慢动作，创造意想不到的效果

倒放

倒放的技巧在短视频制作中非常流行。你可能也刷到过一些倒放的短视频，比如被捏在一起的棉花糖会自己慢慢展开，形成一朵非常漂亮的花。如果你不知道倒放技巧，那么你就会觉得很不可思议，不明白那是怎样做到的。

倒放的操作其实非常简单，首先拍摄好你要倒放的视频，把它导入你习惯使用的视频剪辑软件中，在视频编辑界面找到倒放按钮，点击“倒放”就完成了。

慢动作

慢动作也是短视频中使用次数非常多的技巧，这一技巧能够让视频变得更细腻，创造不同的情绪、氛围等。比如你拍摄了人物在优美的环境中奔跑的画面，使用慢动作，会更加突出人物喜悦的心情、优美的身姿和动作，也会让画面显得更动人。

慢动作技巧的操作也非常简单，本章介绍的短视频剪辑软件中都有慢动作功能，其操作方式如下。

首先打开你习惯使用的视频剪辑软件，导入视频，点击导入的视频片段，再找到“变速”按钮，按照你的需要调节速度快慢，最后点击“应用”就可以得到视频画面中的主体呈现慢动作的效果了。

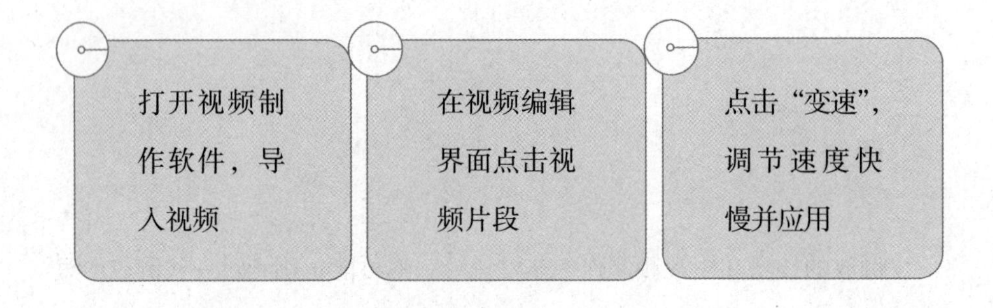

视频剪辑软件中添加慢动作的方法

在大家常用的抖音里，也可以添加慢动作，其操作方法如下。

打开抖音，点击添加视频的标志，导入视频，在视频编辑界面点击“剪辑”，进入剪辑界面。

在剪辑界面点击“快慢速”，调节视频播放速度，应用之后就完成了。

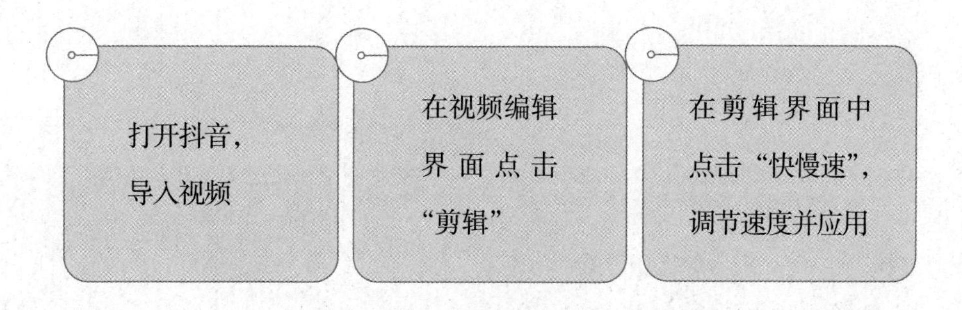

在抖音中添加慢动作的方法

第 4 章

“热点＋文案”：短视频的智慧营销利器

● REC

千里马还需伯乐来识，短视频作品也是如此，一个优质的短视频制作好之后，如果没有对其进行恰当的营销宣传与推广，使其被更多的人看到，那么即便这个作品本身再怎么优秀，也很有可能就此失去成为营销爆款的机会。

要想更好地对短视频作品进行营销与推广，既要借助当下热门的短视频推广平台，也要为你的短视频量身定做一份能够夺人眼球的宣传文案。还等什么，一起来学习一下吧！

AUTO

4.1

多平台营销，发掘“痛点”

各抒己见

在短视频制作并上传完成后，短视频发布平台会自动对你的短视频进行推广，但是要想让该短视频成为爆款，吸引更多的人观看，光靠这种推广自然是不够的，你还需要在更多的平台对你的作品进行推广营销。

你知道哪些可以用于短视频营销推广的平台呢？一起来分享一下吧！

社交平台是普通人对自己制作的短视频进行营销推广的首选阵地，可用于短视频营销推广的社交平台主要有以下几个。

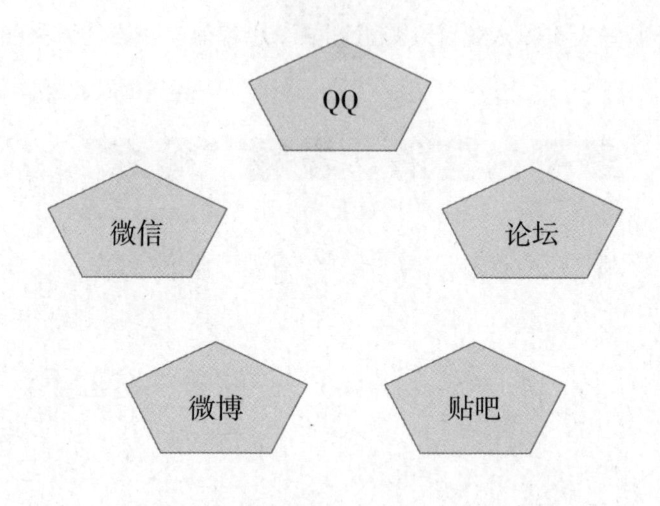

短视频营销推广的主要社交平台

4.1.1 QQ：不断更新的社交软件

QQ 可以说是网络社交软件的元老了，而且，随着现在社交软件的逐渐增多，QQ 并没有被淘汰，而是始终在更新，很多年龄段的人群依然以此作为主要的社交工具。正因为如此，QQ 群和 QQ 空间就成了短视频营销推广的绝佳阵地。

QQ 群推广

一般来说，QQ 群中的人或者有着相似的成长、生活经历，或者有着相似的学习、工作经历，因此很多人都会有相同的兴趣爱好。将你的短视频直接发布到 QQ 群中，并积极与群里的人进行交流，这样做，一方面可以找到目标人群，另一方面也可以通过让更多的人看到短视频，来吸引这些人成为目标人群。

当然，除了加入别人组建的 QQ 群，你也可以自己组建一个新的群，用来宣传自己的作品。这里需要注意的是，在创建新群时，群名称一定要直截了当，注意设置相关的关键词，这样才能让更多的人注意到。

QQ 空间推广

将制作好的短视频的链接发布到 QQ 空间，并搭配相关的文案，这样更容易吸引 QQ 好友前来观看。为了增加空间人气，你也可以发动自己的朋友和家人在空间进行评论，最大程度地对短视频进行宣传推广，让更多的人看到你的短视频。

4.1.2 微信：当代人必备的社交工具

微信是近年来兴起的一大社交平台，现在已经逐渐成为人们必不可少的一大社交工具。

在微信中有四种方式对短视频进行营销推广。

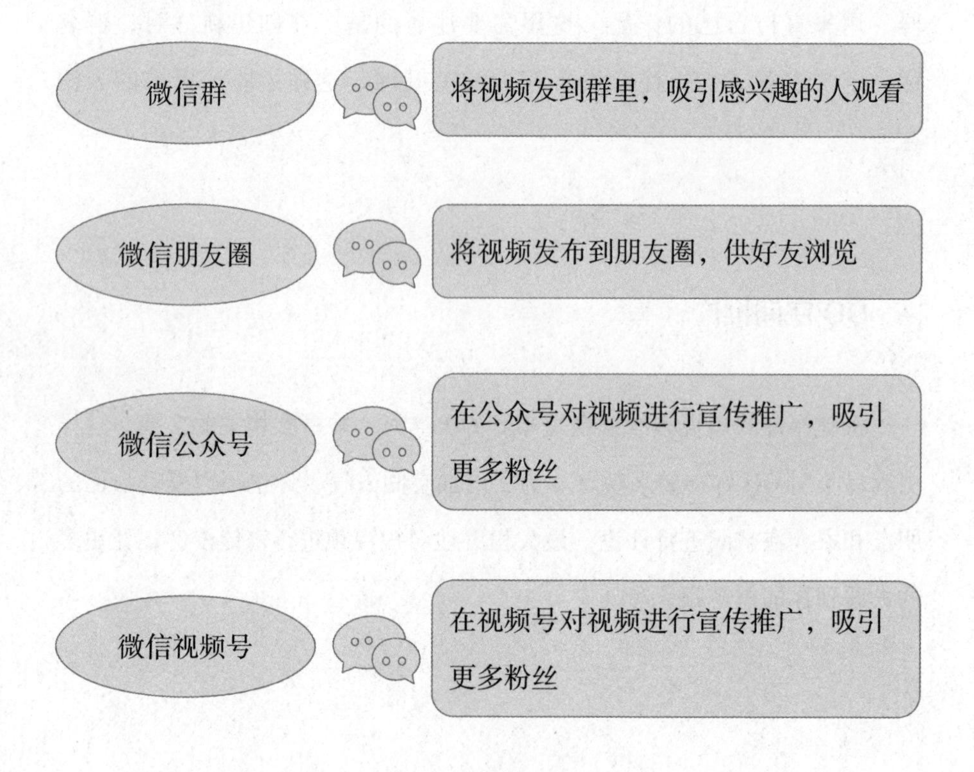

微信营销推广的四种方式

微信群推广

微信群与 QQ 群的营销方式一样，直接将短视频发送到群里，以吸引感兴趣的人观看。

微信朋友圈推广

将制作好的短视频发布到朋友圈中，所有的微信好友就都能浏览到该条短视频了。为了吸引粉丝关注，你还可以发起关注、转发送好礼的活动，让朋友圈里的短视频被更多的人看到。

微信公众号推广

与其他两种微信营销方式相比，利用微信公众号来对短视频进行营销宣传有着更多明显的优势。

首先，在微信公众号推广短视频成本低，且效果显著。建立微信公众号是免费的，唯一的成本是日常的维护运营。关注了微信公众号的粉丝，一定是对短视频感兴趣的人，里面发布的短视频也会是他们需要的，这就很容易对自己的短视频进行很好的营销推广了。

其次，在微信公众号进行短视频的营销推广，便于与粉丝互动。在运营微信公众号时，运营者可以采用文字、语音及图片等方式进行日常的消息推送，这样可以使你的消息推送更加灵活、有趣，更容易吸引粉丝与你进行互动。

这里需要注意的是，在日常的消息推送中，你应该适当采用语音的方式，因为语音与文字、图片不一样，它能给人传达更多情绪上的信息，这就能更好地拉近你与粉丝之间的距离，从而增加粉丝黏性，增大普通粉丝转为忠实粉的可能性，极大地推动短视频微信公众号的影响力。

在使用微信公众号进行营销推广时，需要做好以下几个工作。

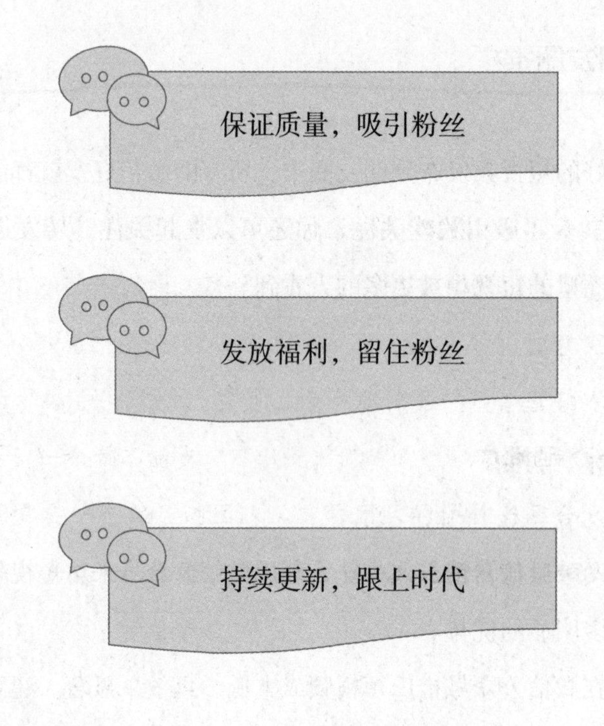

使用微信公众号推广短视频要做的工作

首先，要保证微信公众号内容的质量。

现在很多微信公众号为了吸引粉丝眼球而做“标题党”，只是依靠醒目的标题来吸引人，内容上却根本经不起推敲，“水货”太多。

要想提高公众号的质量，增加更多的忠实粉丝，就应该从内容入手，多发布一些与短视频主题相关的“干货”文章。比如，在发布了一条短视频之后，你还可以发布一些关于短视频的拍摄、剪辑技巧，或者与短视频内容相关的美文等。

其次，要经常在公众号发放福利。

新粉丝成为忠实粉需要福利，而忠实粉也需要福利来维持，因此在运营公众号的过程中，应该经常给粉丝发放一些福利，形式可以不固定，比如开展抽奖活动、给前几名留言者发放小礼物等。

当然，为了吸引更多的粉丝参与，在发放福利之前不能忘了在推送消息中告诉粉丝们这一好消息。

最后，要不断更新短视频，跟上时代发展。

在互联网时代，各行各业更新换代的速度都非常快，要想跟上时代的步伐，升级更新是必不可少的，短视频营销也是如此。

不断对短视频内容进行更新，不仅能给观众持久的新鲜感，也会让他们觉得运营者及其所在的公司或企业充满活力，充满干劲，从而对企业及产品产生很好的印象。

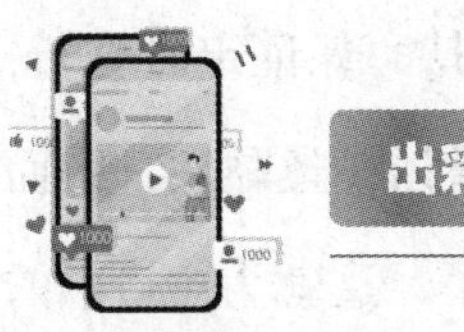

出彩营销

从微信公众号到电商平台

有一个设计师特别喜爱服装搭配并善于分享，她创办了一个专门分享服饰穿搭技巧的微信公众号，每天都会发布各种关于穿搭技巧的短视频，里面的知识非常实用，吸引了各个年龄段的女性观看。这样过了一段时间，关注该公众号的粉丝很快超过了十万。于是，公众号的运营者开始着手建立自己的线上服饰店，通过短视频将粉丝引流到线上，服装店的销售业绩变得非常可观。

就这样，这个微信公众号的运营者从一开始单纯做短视频为观众分享穿搭知识，收获了一大批粉丝的喜爱，再逐渐发展成为服饰类的电商平台，其短视频营销策略非常成功。

微信视频号推广

微信视频号是微信新推出的一个内容记录与创作的平台，其内容以短视频为主，在发布短视频的同时还可以附上文字与公众号文章链接，并支持点赞与评论，方便短视频发布者与粉丝进行互动。

在微信视频号中进行短视频营销，一定要长期坚持，保证定时更新，不断在粉丝们关注的众多短视频号中“刷存在感”，增强粉丝黏性，久而久之，粉丝们就会形成每天都观看你的视频号的习惯了，这就为短视频的营销推广搭建了良好的平台。

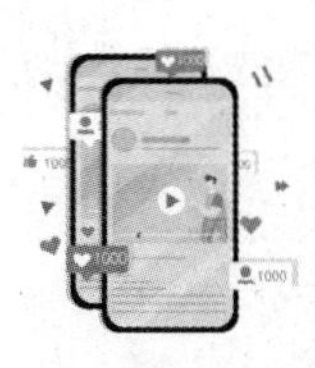

出彩营销

“好设计，看得见”

某室内设计工作室，开通了自己的微信视频号后，定期在视频号中发布各种室内设计效果和成品完成过程的短视频，不管是什么样的房型，经过专业的设计之后都能令人眼前一亮。这些短视频的内容质量很高，每一条都是干货满满，而且语言也非常幽默风趣，十分吸引人。不出意料，越来越多的人被这些短视频所吸引，并关注了这个短视频号，该微信视频号的营销推广取得了很大的成功。

4.1.3 微博：年轻人的社交场

微博的用户群体非常庞大，以年轻人为主，而年轻人正是刷短视频的一大主力军，因此微博正是推广短视频的一个绝佳平台。

不仅如此，相较于 QQ 与微信来说，微博上信息传递效果更好，所发布的主题也更容易引起人们的广泛关注与讨论，因此如果能利用好微博这个社交平台来对短视频进行推广，一定会达到非常好的营销效果。

那么，应该如何有效借助微博来进行短视频的营销推广呢？这里有三种可供参考的方式。

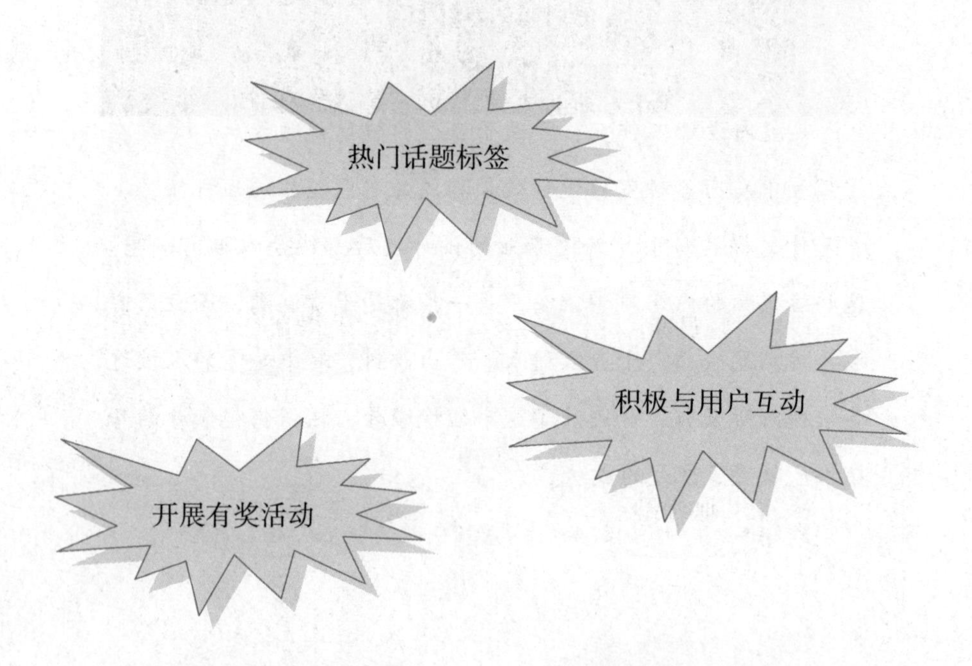

借助微博推广短视频的方式

首先，可以利用热门话题标签来吸引公众。

微博热搜中，每天都有各种各样的热门话题，你可以在发布短视频时带上当天的热门话题标签。

不过，一定要注意，不能为了博人眼球而随意选择话题，所选话题一定要与你的短视频内容相关。假如你的短视频内容是关于恋爱技巧的，而当天正好有明星宣布恋爱的热门话题，那么就可以选择这一话题作为短视频的标签。

热门话题的浏览者众多，如果善于利用热门话题的标签来进行短视频营销推广，一定会吸引很多微博用户成为自己的粉丝。

其次，要经常在微博中开展有奖活动，吸引粉丝。

微博中的营销活动主要有两种：有奖竞猜和转发抽奖。

有奖竞猜的活动很容易引起粉丝的兴趣，一般是出谜语或者知识性的问题，规定一个时间，让粉丝找到答案，答对即可获得奖品。要想吸引尽可能多的粉丝参与答题，除了将奖品设置得丰厚些，还要将问题设置得好玩有趣，激起粉丝的兴趣。

转发抽奖的活动虽然简单，但对于短视频的营销推广也非常有用，除了转发，还需要粉丝对短视频进行评价，并 @ 自己的好友来关注，这样就会吸引更多的用户来观看你的短视频。

最后，要积极与微博粉丝进行互动，吸引更多的粉丝。

很多用户都喜欢在微博上留下评论，或者是提问，或者是表示赞同，这时候你就应该积极与他们在评论区进行互动，解答他们的疑问，并对赞赏你的用户表示感谢，以吸引更多用户成为自己的粉丝。

当然，除了简单的发微博，你还可以在微博短视频号与 Vlog 中进行短视频推广营销。

使用微博短视频号

微博短视频号是可以在微博上发布短视频内容的账号，早在 2020 年 12 月，微博短视频号的开通规模就已经突破了百万，其中拥有百万粉丝的短视频号也是非常之多。

微博短视频号主要是“90 后”和“00 后”这些年轻群体在玩，其关注的重点都集中在情感、娱乐、游戏、美妆、数码类的短视频。因此，如果想通过微博短视频号来进行短视频营销，最好选择年轻人喜欢的话题来构思短视频的内容。

巧妙推广你的 Vlog

Vlog，即 Video blog，也就是微录，属于博客的一种，用于短视频记录。Vlog 的创作者通过拍摄短视频代替文字和图片来记录个人生活，并上传到网上与网友进行分享。

Vlog 的受众大多是年轻一代的群体，他们将 Vlog 作为自己记录生活、表达个性的主要方式。因此，在使用 Vlog 进行短视频营销时，也要迎合年轻人的趣味，短视频的风格应具有个性、贴近生活、充满趣味性。

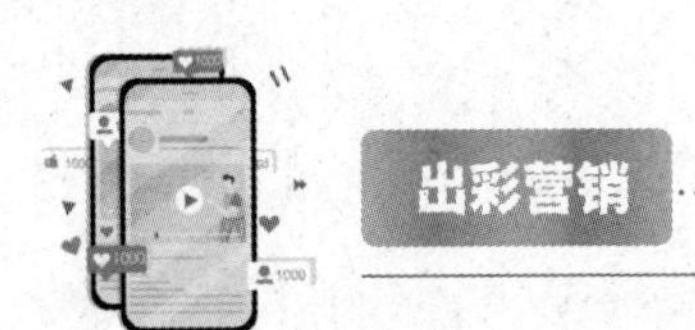

出彩营销

“精致生活，精致视频”

某博主是一位热爱生活的职场白领，每天都会用视频记录自己一天中的小美好，她拍摄的短视频清新、治愈，之后粉丝慢慢增多。再后来，有很多粉丝在她的微博下留言说喜欢她的日常妆容，不夸张、自然但是又高级，该博主就陆续整理发布了一些面试、通勤、出游、聚会等不同风格的妆容教程，此后粉丝增长迅速。于是，该博主也就有了一个新的身份——美妆博主。

有了固定粉丝之后，该博主专门学习了美妆知识，并请朋友教授了一些短视频拍摄与制作技巧，之后的短视频内容制作精良，吸引了更多粉丝的关注，还受到一些品牌方的邀请帮忙宣传产品。

4.1.4 贴吧：拥有数亿用户的社交平台

贴吧，这里主要指百度贴吧。百度贴吧拥有数亿用户，聚集了很多兴趣爱好相同的人群。

如何利用这个庞大的交流社区对自己的短视频进行营销推广呢？可以从三个方面入手。

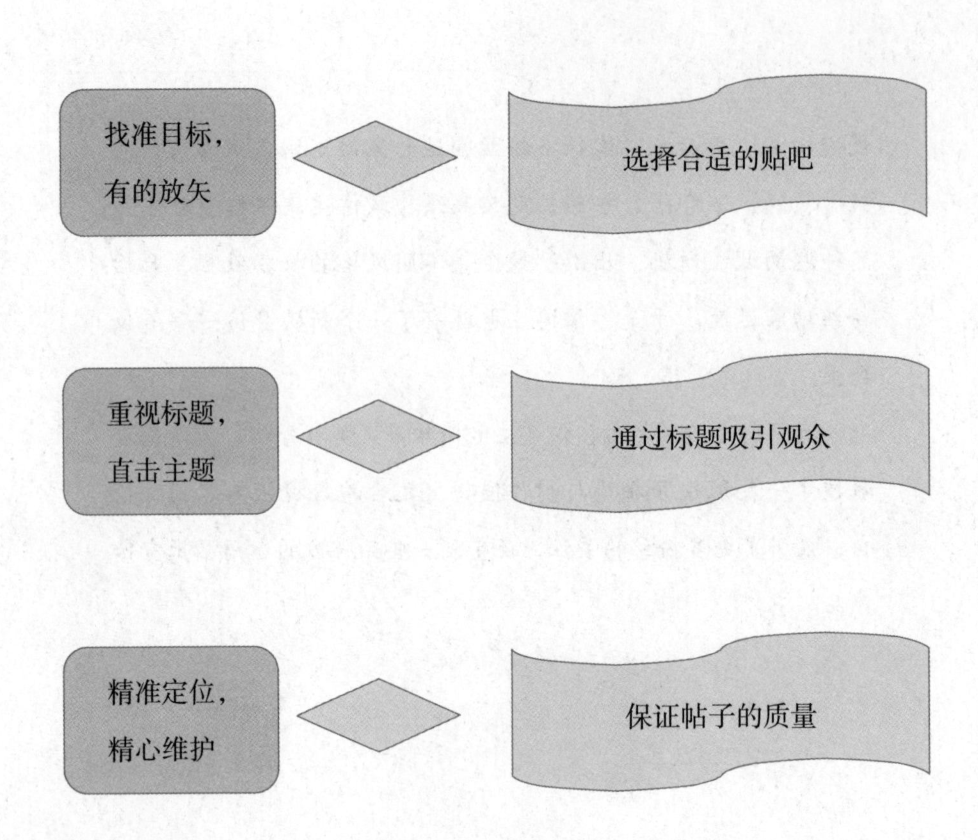

利用贴吧进行短视频营销的方法

选择合适的贴吧

贴吧中的用户数量惊人，要想让自己发的帖子被目标人群看到，就一定要选择合适的贴吧发帖。

除了挑选与自己的帖子内容相关的贴吧之外，也要考虑贴吧的人气以及精华帖的数目、阅读量等因素，尽量挑选人气较高的贴吧发帖。

通过标题吸引观众

很多在贴吧逛贴的人都是具有目的性的，他们知道自己的兴趣点在哪里，因此直截了当的标题往往更方便吧友寻找，也更能吸引到自己的目标受众，达到营销目的。

保证帖子的质量

要想吸引贴吧中的用户，首先要保证帖子的质量。

在撰写帖子前，要对自己的帖子有一个准确的定位，即对短视频进行宣传推广，撰写时要注意措辞的准确，在这个基础上还要优美或有趣，保证帖子内容能够经得起推敲。

贴吧的吧主要对贴吧进行维护，要及时将质量上乘、受欢迎的帖子设置为精品贴，这样才能更好地对自己的短视频进行营销推广。另外，如果贴吧中有人回帖提问，也要积极对其做出回应，与用户建立亲密、良好的关系，这样才能在贴吧中获得长久的发展。

4.1.5 论坛：志同道合者一起互动

论坛与贴吧类似，各个论坛中的人群也是因为有着相同的兴趣爱好才得以聚集起来。

因此，如果将制作的短视频发布到相关的论坛中，很容易引起对短视频内容感兴趣的人群的关注。例如，如果你的短视频作品的内容与旅游有关，那么就可以将该短视频发布到与旅游有关的论坛中，以吸引更多旅游爱好者前来点赞观看。

4.2

多领域布局，紧跟热门话题

有人说，现在很多人的行为和思考方式都是被热点内容所左右的，这话不无道理，短视频营销如果能和社会热门话题相关，就有更多机会引起更多人的关注。

借助时下的热门话题来进行短视频营销，能够在很大程度上提升短视频的热度，达到很好的营销目的。

要想借助热门话题来实现短视频营销的目的，下面重点推荐几招。

4.2.1 发散思维，多领域布局

每天的热门话题领域多变，今天是明星新闻占据网络头条，明天的热点可能又会变成国际时事，而很多短视频制作者都专注于某一个领域、某一种风格的短视频创作，那么当热门话题内容与自己的短视频内容完全扯不上关系的时候，该怎么办呢？

热门话题之所以成为热门，自然是因为它能够戳中很多民众的心。假如热门话题是关于我国科技领域的新成就，无疑会戳中民众为祖国感到自豪、为科研人员的努力感到敬佩的心；又如热门话题是关于好人好事的，则会引发民众对道德建设、精神文明的讨论。

由此可见，借助热门话题其实并不局限于关注话题本身，更重要的是找到话题背后的更深层次的内容，寻找能够引发民众共鸣的地方，那才是更多人想要关注并且会持续关注的焦点。

4.2.2 抓住时机，占领流量高地

信息时代，热门话题瞬息万变，稍纵即逝，因此要想借助热门话题来达到短视频营销目的，一定要抓住时机，越快越好。

在大众刚开始“吃瓜”（即对一个热门话题正兴致勃勃）时，如果你能出一条相关的短视频，一定会让很多意犹未尽的“吃瓜”群众忍不住点开观看。

4.2.3　引用热点“金句”，引人注意

很多热门话题出现后，都会伴随着“金句”出现，而这些“金句”毫无疑问会随着话题热度的上升而在网上迅速流传，这时候如果在短视频的标题中引用这些“金句”，一定能吸引很多人的眼球。

例如，很多明星在官宣恋情时，都会在微博上发文，从而产生金句，如：“给大家介绍一下，这是我的……”消息一出，就会有一些短视频发布者将自己的短视频名称取为“给大家介绍一下，这是我的……”无论短视频中实际要介绍的是什么，都会引来很多人的好奇和忍不住点击观看。

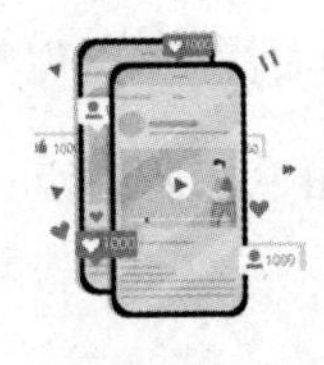

出彩营销

借助热门歌曲的短视频营销

每一年都会有一些热门歌曲通过短视频平台“火出圈”，成为大家纷纷讨论的话题，很多人会在闲余时忍不住哼唱几句。

一些短视频制作者也会在发布短视频时配上平台热门歌曲作为背景音乐。使用热门歌曲作为背景音乐的短视频大都能获得极高的点击量，这正是借助热门歌曲（话题）来进行短视频营销的典型案例。

4.3

注重文案创编，挖掘文字的营销力

各抒己见

在短视频大火的时代背景下，有的短视频营销者拥有成百上千万的粉丝，而有的营销者的短视频却无人问津，这是为什么呢？是他们的短视频没拍好吗？

事实上，一条短视频能不能成为爆款，除了短视频本身的内容之外，文案的撰写也能在很大程度上影响观众对其的喜爱程度。那么，要想提高短视频的影响力，该如何进行文案创编呢？你有什么技巧吗？

4.3.1 标题文案有哪些作用

广义的短视频文案包括标题文案和视频中的各种文字介绍（如字幕、旁白、短视频内容提示等），标题文案出现在短视频平台展示页，是用户“一眼就能关注到的文案”。这里重点就短视频标题文案的创编进行分析阐述。

标题是吸引受众眼球的关键。标题拟得好，受众会更有兴趣点开短视频，如果标题不好，受众很可能就直接跳过这个短视频了。

要让受众看到标题文案后眼前一亮，这样才能进一步吸引受众观看短视频内容。

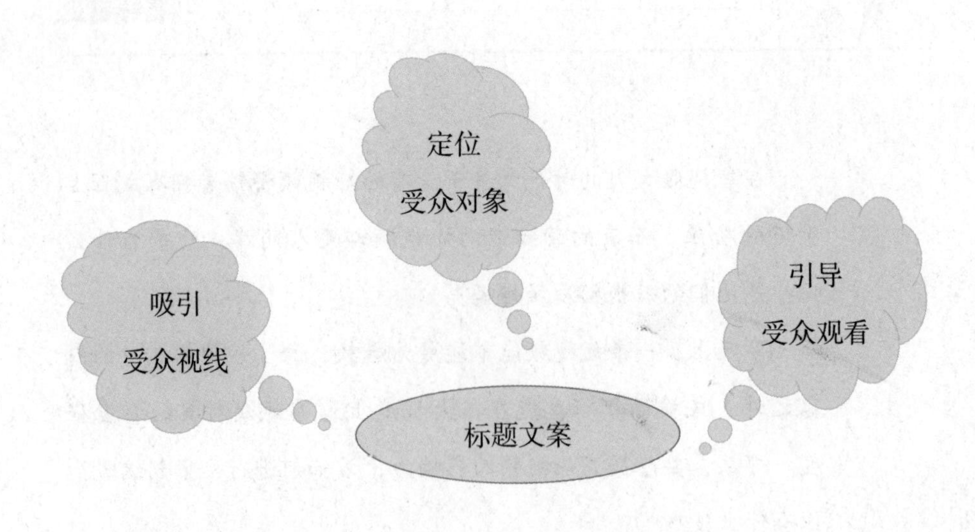

标题文案的作用

吸引受众视线

吸引受众视线，这是标题文案最基本的作用，短视频文案甚至短视频内容能不能引起受众的注意，关键就在这。

那么，如何才能知道自己所拟的标题是否能够吸引受众呢？最简单的方式是，在写好标题后，先发给自己的朋友，看看他们看到这个标题后会不会有点开短视频观看的欲望。如果有，那么你的标题文案的第一个目的就达到了。

定位受众对象

无论是多么优秀的短视频，也不一定恰好是所有的观众都想看的，这就像是任何产品都有自己的消费定位对象一样，短视频也有其受众对象，而标题就能起到定位受众对象的作用。

举例来说，假如一条短视频的标题为《晚餐后这样做，你也能拥有迷人身材》，即使不点进去看也能知道这则短视频针对的是女性，尤其是想要减肥的女性。

引导受众观看

所有的标题文案都要起到能够引导受众观看的作用，这也就是说，通过阅读短视频的标题，能够减少受众继续阅读文案以及观看短视频的障碍，使受众能够很快进入观看状态。

要想成功引导受众观看，既可以从标题的语言风格入手，也可以从标题中提到的短视频内容入手，给受众一些阅读与观看的提示，如“温馨提示：不适合吃东西时观看”。

4.3.2 标题如何俘获受众

要想通过标题来吸引受众阅读文案和观看短视频，那么就需要洞察受众心理，用标题来套路人心。

总的来说，一个好的标题可以从四个方面来抓住受众的心理。

用标题套路受众心理

抓住受众的好奇心理

人人都有猎奇心理，如果能够通过标题文案引发受众的好奇心，那么受众便会不由自主地点进去继续观看里面的内容。

那么，怎样才能激起受众的好奇心呢？

一方面，可以在标题中使用“揭秘”“秘密”“震惊”等能够引发受众想象的词。

另一方面，可以撰写与受众的固有认知不相符的标题，如《原来男生也会……》，以此激发受众的好奇心。

抓住受众的从众心理

互联网时代，人们每天都能接收到各种各样的信息，为了让自己能够不与时代脱轨，很多人都会去关注大众都在搜索、关注的话题，这其实也是从众心理的表现。

正因为如此，很多短视频文案的标题都会出现“身边的人都在关注……”这样的文字，充分利用受众的从众心理。

抓住受众的利己心理

有人曾说，文案，尤其是推销产品的文案，应该把该产品最大的好处放在标题中，这是因为受众都会有利己心理。

可以换位思考一下，假如你是短视频文案的受众，你在点开短视频之前，会想些什么呢？很多人会有“这个内容不错，我感兴趣 / 会喜欢”的想法，这就是利己心理。

要想抓住受众的利己心理，在标题中就应该明确写出看完这个短视频之后，受众能够从中获得什么，如《大学毕业前必须要做的七件事》。

为受众指出成功“捷径”

如果你的短视频是励志、成功类相关内容的短视频，那么就需要在标题文案中强调成功的“捷径”“诀窍”“秘诀”等极具诱惑力的文字，如《我是如何轻松晋升为……的》《只需三步，你也能成为……》等。

4.3.3 丰富多彩的短视频标题文案类型

不同人的阅读习惯和阅读需求不同，因此不同风格类型的短视频标题文案，会吸引不同群体的受众。

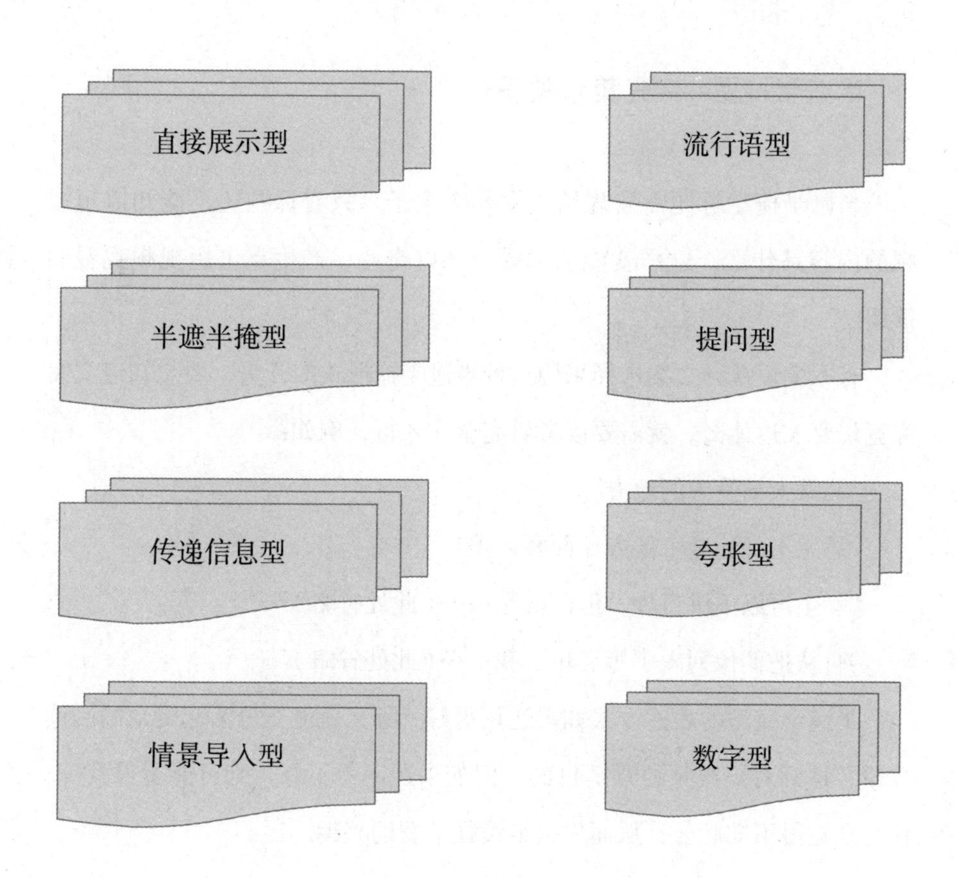

标题文案的风格类型

直接展示型——给出受众想要的

直接展示型标题，就是在标题中直接写明整篇文案的主旨。例如，如果短视频的内容是关于减肥方法的，那么标题文案就可以拟为“教你快速减肥”，这样需要减肥的一些受众自然会注意到这则短视频。

半遮半掩型——先卖个关子

半遮半掩型标题需要先给受众卖个关子，只看标题还不能知道短视频的内容是什么，这样就能引起受众的好奇心，产生点击短视频观看的欲望。

有不少短视频文案选择采用这种半遮半掩形式的开头，要想知道文案究竟想要表达什么，就需要读者看完全文才行，例如：

“北京人最爱去的地方”

“意想不到！这个地方比西藏还美！”

“女生可以不讲道理，但前提是……（此处省略）”

“自从把偶像列入了黑名单，我……（此处省略）”

半遮半掩型的表达方式如果运用得好，那么就能充分激起受众的阅读欲望，达到对短视频的营销目的。但如果运用得不好，则可能适得其反，让受众觉得不知所云，从而失去继续往下看的兴趣。

传递信息型——介绍产品特色

在短视频文案尤其是产品类的短视频文案中，如果能在文案的标题中传递关于产品特色、卖点等相关信息，如“环保”“领先科技”等，可以在很大程度上吸引受众前来观看。

有一条关于巧克力产品的短视频文案在开头这样写道：“很多人都觉得吃巧克力会变胖，但是吃这款巧克力就不一样了，因为……”，文案从一开始就指出了大众对巧克力的第一印象，并推出自己的巧克力的优势，令受众在开篇就了解到文案的重点是什么。

情景导入型——让受众自己联想

情景式的标题文案可以让人一读就在脑海中产生相关的场景画面，在此基础上去观看短视频，就会有很强的代入感，从而产生“这么多人排着队等候，店里的东西一定很好吃吧”的想法。

“很多人一大早就已经排在这家店门口等候了……”如果你的短视频内容是宣传某家特色小吃店，那么使用这种情境导入式的开头再合适不过了。

流行语型——拉近与受众的距离

现在很多短视频都会在标题文案中使用时下比较流行的词汇，比如“解锁新技能”“奥利给”等，这样便可以在无形中拉近创作者与受众之间的距离，吸引受众的注意。

提问型——引发受众思考

很多关于教人各种方法、技巧的短视频都会使用提问型标题，如：

“如何与第一次见面的异性聊天？”

“和女朋友吵架，该不该和她讲道理？”

“为什么孩子越长大，越不爱和家长交流？”

“假如你中了一百万，你会怎么花？”

短视频文案以问题开头，能够极大地激发受众的兴趣，或许他们心里已经有了自己的答案，但大部分人还是会想要看看文案中是怎么回答的，以及短视频中又是如何演绎的。

夸张型——引发受众好奇

“一用……我就……”这种夸张式的开头能够迅速吸引受众的注意力，激起受众继续读文案的欲望。

不过，需要注意的是，在撰写夸张型的文案标题时，一定要注意把握夸张的度，如果与事实出入太大，则会让受众产生受骗的感觉。

数字型——吸引受众注意

数字型标题也是短视频文案中使用较多的形式，可以起到吸引受众注意的作用，例如，“学习效率不高的 10 条原因”“全国旅游不得不去的 5 大景点”“我婚礼前的 24 小时”等。

4.4

巧辨误区，坚持传递正能量

各抒己见

现在制作短视频的人越来越多，内容也越来越丰富，有的人在短视频中晒自己的生活，有的人通过短视频实现自己的影视创作梦，也有人通过短视频宣传自己的产品或企业……这些东西都或多或少地对观看者产生了影响。

短视频制作和营销者应始终坚持为受众带去正能量的初心，避免陷入一些制作与营销误区，你知道都有哪些误区吗？

4.4.1 杜绝推销假货

随着短视频平台的用户不断增长，巨大的流量利益吸引了很多人通过短视频宣传自己的产品，其中有的是正规渠道进货、明码实价售出，但也有不少投机分子利用短视频来推销一些“三无产品”或“高仿制品”，以此牟取暴利。

短视频平台中推销的“三无产品”和“高仿制品”被许多用户诟病已久，不只是外行人，连相关产品的内行人被骗的也不在少数，这些短视频制作者会通过短视频来对自己的产品进行美化，极力将产品渲染得“物美价廉”，吸引用户下单。这种通过短视频来销售假冒伪劣产品的行为，不仅侵犯了广大消费者的合法权益，也扰乱了正常的市场秩序。

因此，在通过短视频进行产品营销推广时，一定不能向大众推销假货，要保证自己宣传的产品是合格生产、合理标价的。

4.4.2 拒绝卖惨带货

除了直接在短视频中推销假货，还有的短视频制作者会通过打情感牌、卖惨来带货。比如拍摄一个事先策划好的、衣衫褴褛的小孩哭诉自己家的贫穷状况，然后以资助这个孩子为名，利用观众的同情心，向观众售卖商品，这些商品也基本都是假货。也有的短视频制作者为了炒作自己，打着帮别人解决情感问题或者家庭纠纷的旗号，实际上都是事先策划好的，目的就是吸引大众观看，等自己的粉丝积累得够多了，就开始营销带货。

从法律的角度来看，仅仅通过发布虚构或夸张情节的短视频来骗取流量的行为还不构成违法，但是从道德上看，这种行为是违背社会公序良俗的，应该遭受到公众的谴责与坚决抵制。在进行短视频营销时，一定要避免使用卖惨的手段来吸引观众。

4.4.3 不侵权

“五分钟带你看完一部电影！”

“十分钟看完一部电视剧！”

近年来，像这种几分钟带观众看完一部电影或者电视剧的短视频充斥着各大短视频平台。

一些视频营销者通过发布影视剪辑作品来吸引粉丝，这些短视频的发布者其实并不是内容的生产者，而只是内容的搬运工，对影视作品进行简单的剪辑，就直接变成自己的东西，这样的短视频或许能让观众大呼过瘾，几分钟就能看完一部剧，然而其实像这种未经授权就对影视剧作品或者其他原创短视频作品进行剪辑、切条、搬运、传播的行为，属于侵权行为，不该被提倡和效仿。

在进行短视频营销时，如果需要用到他人的短视频作品，一定要经过原创者的授权。当然，如果想长期在短视频行业发展下去，还是要创作出自己的作品，以收获更多的关注。

4.4.4　不炫富

“×××× 年出生，创业 ×× 年，如今名下有 × 套房，× 辆车。”

“×× 年小姐姐，年薪 ×× 万。”

类似于这样的短视频文案在网络上屡见不鲜，点进去看，有的在晒自己的名牌包包，有的晒自己每天挥金如土的生活，这就是人们常说的炫富。

动辄跑车豪宅，还对着镜头撒钱，各种花式炫富持续不断地刷新着人们对财富的认知，刺激着人们对财富的渴望。这些炫富短视频有的确实是真人真事，但也有很大一部分是通过租赁的方式获得名牌物品的使用权，从而拍摄出吸引人的短视频。

无论财富是真是假，这种炫富的行为其实都不值得提倡，也不应该被人们“围观”，它会误导一些观众，尤其是青少年，让人们产生“有了金钱，就有了一切”的不良金钱观。这种炫富会让观众为了金钱而迷失自己。

因此，在进行短视频营销时，应避免炫富行为，要多制作一些励志的、能够给观众带来启发的、正能量的短视频。

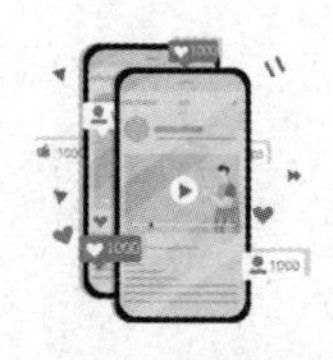

出彩营销

用短视频宣传民族文化、助力家乡脱贫

近几年，网络上有很多“草根”创作者，他们在各地拍摄了很多反映当地风土人情、原生态地理地貌以及美食特产等内容的短视频，在网上收获了一众粉丝。

有这样几位少数民族姑娘，她们穿上传统的民族服饰，通过短视频记录下自己在家乡的各种日常生活，有时上山采摘，有时下水捞鱼，有时织布刺绣，从民族风情，到原生态的自然风光，应有尽有，吸引了众多网友。姑娘们的短视频广受好评、广泛吸粉，也带动了家乡的各种特产走红网络，使当地不少贫困户实现脱贫。

第 5 章

团队养成：打造优质的短视频营销团队

● REC

你是不是认为大部分的短视频都是一个人来完成的？一个人拍摄、剪辑和发布。事实大多并非如此。

现在，很多的短视频都是通过团队的力量来完成的，编导、策划、演员、摄影师、剪辑师、营销人员等，一个都不能少。可以说，优质的短视频的创作与运营需要一个优质的团队，需要团队的协作与配合。所以，打造一个优质的短视频营销团队是所有短视频从业者必须思考和重视的问题。

AUTO

5.1

短视频团队组成

各抒己见

短视频平台中展示出来的很多短视频都是一个人拍摄，一个人表演，那是不是就可以认为这个短视频是由两个人完成的呢？

当然，这是有可能的。不过，还有很多我们看不到的、隐藏在背后的工作人员。那么，你知道还有哪些在背后默默服务的工作人员吗？

现在，在短视频领域，一个人单打独斗是很难争得一席之地的，加之人们对短视频的要求也越来越高，要想持续不断地输出优质的内容，就需要打造一支优秀的团队。

分工协作可以使团队具有鲜活的生命力，也可以保证短视频内容的及时更新。不过短视频团队的人员并不是越多越好，而是需要合理配置，这样工作效率才会更高。短视频运作团队通常分为精简版团队和豪华版团队两种。

5.1.1 精简版团队的养成

无论短视频营销团队的人数如何精简，都要做到保留必要的内容策划和视频制作人员。

实际上，精简版的短视频团队一般为 2～4 人，但最核心成员有两个，那就是内容策划者和视频制作者。

内容策划的主要工作是负责脚本的策划和镜头的辅助，在必要的时候可以临时充当演员。

视频制作要负责所有与短视频相关的工作，包括策划、脚本拍摄、剪辑等，在必要的时候也要充当演员。

可以看出，精简版团队的人员较少，但要求较高，需要一人承担多项任务，也只有这样才能确保整个团队的正常运作。

内容策划

视频制作

精简版团队的配置

5.1.2　打造豪华版团队

与精简版短视频营销团队相比，豪华版团队有着豪华的阵容，不仅有内容策划，还有编导、演员、摄影师、剪辑师、运营者等。团队中的每个人都有自己的职责，分工十分明确。

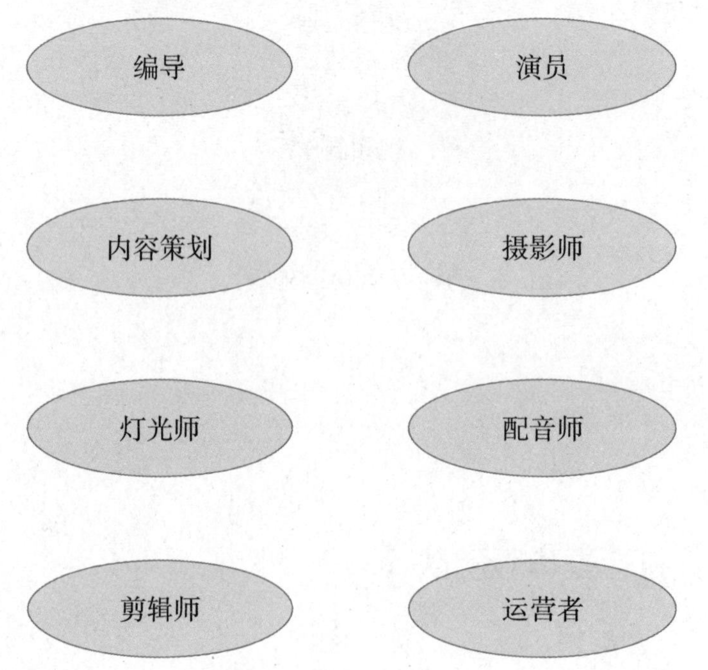

豪华版团队的配置

豪华版短视频团队不仅成员多，而且产出也多，基本上每天都有新的视频供受众观看。下面就来认识一下豪华阵容中的各个成员。

编导

编导可以说是整个短视频运营团队的统领人物，其主要职责是确定短视频的主要基调，把握短视频的基本风格，对内容的策划和脚本进行把关，同时也要参与后期的拍摄与剪辑等环节。

内容策划

内容策划的职责十分明确，就是围绕短视频的内容进行规划制作。具体包括寻找热点话题和关键字，确定内容题材，创作脚本。

演员

演员要根据短视频脚本在摄像机前面进行表演，这就要求演员符合人物形象，能够切实表现人物特点。不过，演员不要求一定是专业的，团队中的其他成员也可以兼任演员的角色。

摄影师

短视频是由摄影师拍摄而成的，没有摄影师，也不可能形成短视频，所以摄影师是非常重要的成员之一。摄影师发挥的作用也非常关键，如果拍摄效果好，将能有效降低剪辑的成本。这也就要求摄影师具备深厚的专业功底，比如擅于运镜，能够把控拍摄风格与构图等。

灯光师

灯光师是配合摄影师工作的，有了灯光师的帮助，拍摄出来的视频效果会更好。灯光师要懂得如何打光，能够灵活使用各种灯光器材。

配音师

短视频拍摄完成之后，还需要配音师对短视频内容进行配音，这也可以确保短视频内容更加优质。

剪辑师

短视频拍摄完成之后，还需要剪辑师的进一步加工整理。剪辑师负责把控短视频的节奏，通过短视频的剪辑直接与用户进行沟通。

运营者

短视频的运营者肩负着两大重任，一是通过营销让短视频作品最大限度地曝光，二是通过短视频的营销实现高转化率。这里重点讲营销。

视频制作完成之后，就需要运营者进行进一步的推广。运营者首先要根据短视频的内容、用户的需求等明确目标用户，然后通过平台进行推送，最后收集用户反馈，维护和优化粉丝等。

实际上，团队中人员的职责是有所交叉和重复的，比如摄影师除了负责本职工作外，也会参与视频的剪辑；内容策划除了负责短视频的内容制作，还可以充当演员的角色等。

如果你观察关于短视频工作人员的招聘信息就会发现，短视频工作人员要具备各项能力，不仅前期要能策划、会拍摄，后期还要会剪辑、懂营销等，可谓全能型人才。

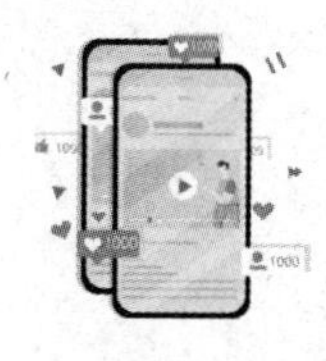

出彩营销

一个人的精彩

一个人也可以是一个团队，也能制作出精彩的短视频。一个人要能够负责整个团队的所有工作，既要能策划、会拍摄，还要能演绎、会剪辑，同时要懂得运营。

无论是抖音、快手，还是西瓜视频平台上，有不少短视频都是由一个人制作完成的。这类短视频多是美妆类、萌宠类、美食类、风景类、花卉类视频。

如果你具备关于短视频运营的多项技能，你也可以独立制作短视频，演绎一个人的精彩。

5.2

成员优化配置，为优质产出做准备

各抒己见

短视频团队成员是越多越好，还是越少越好呢？其实，短视频成员不是越多越好，也不是越少越好，而是合理配置最好。

合理的成员配置，才能产出优质的视频。那么，你知道如何优化成员配置吗？

5.2.1 团队成员配置

短视频团队成员的工作内容

短视频的团队有多少个成员才是最合理的呢？实际上，短视频团队成员数量的多少与短视频本身的内容有着直接的关系。通常，不同的短视频内容要求团队成员担任不同的职责，具备相应的技能，以确保短视频顺利制作完成和运营。

一般情况下，短视频要完成一些基本的工作内容与流程，具体如下。

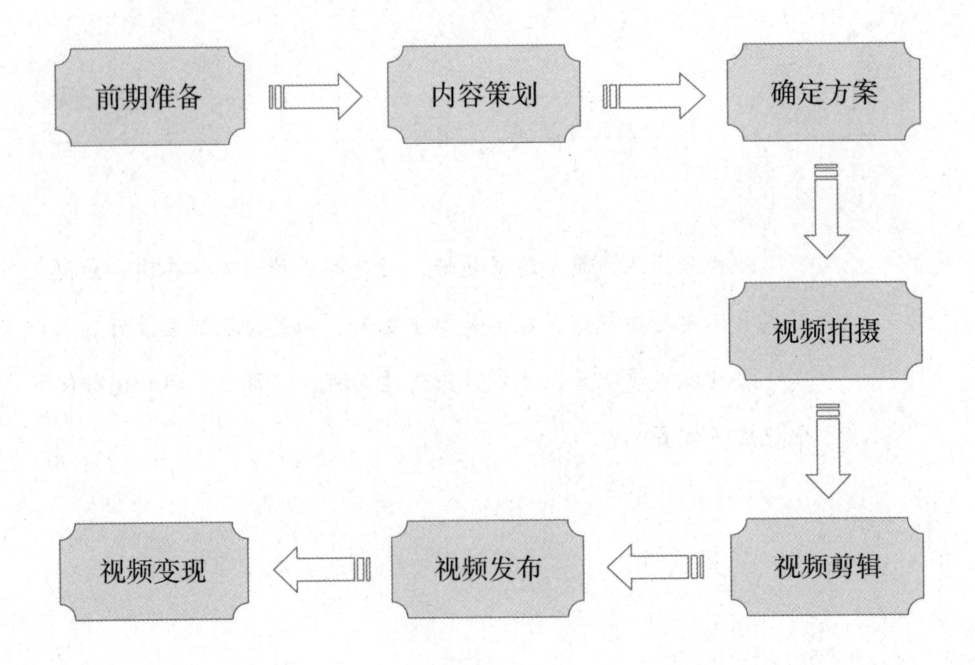

短视频的工作内容与流程

通常情况下，一个人是很难独立完成上述工作流程的，一方面一个人是很难掌握所有技能的，另一方面一个人很难承受如此巨大的工作量。如果由三四个人组成的团队来完成上述工作流程，则会轻松许多，每个人可以负责一个流程，也可以共同负责一个，还可以一人负责两个。

短视频团队成员的合理配置

优化团队成员配置，调和成员比例，合理进行分工，可以使短视频团队的工作更加顺利、高效地进行。

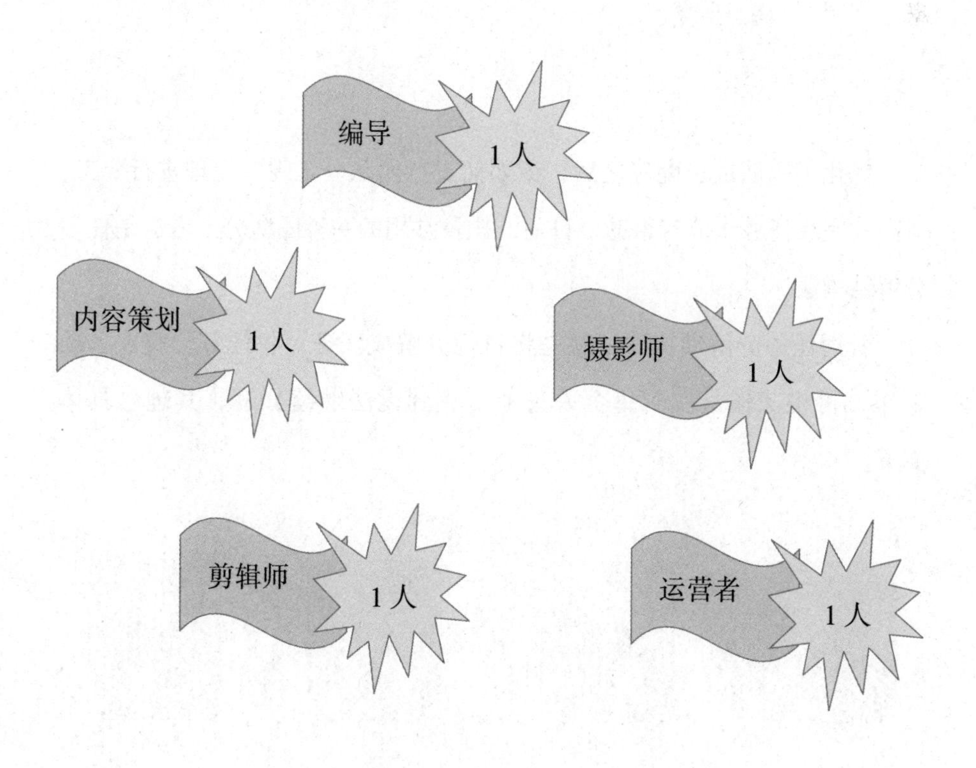

短视频团队人员配置（极简）

短视频团队中要有一个统领全队的领导，也就是上文所说的编导。编导负责团队中的统领性工作，可以指挥和安排其他人员的具体工作。

除了总领导，短视频团队还需要 3～4 人担任不同的工作。对于有能力的成员，可以身兼数职，这样可以降低成本。如果要制作要求更高的短视频，也可以适当增加团队成员。

5.2.2 团队人员如何分工

优化了团队成员配置之后，该如何进行团队分工呢？合理进行分工，对高效完成任务十分有帮助。目前，比较常用的一种团队分工方法是任务分解结构法。

所谓任务分解结构法，就是将目标分解成任务，将任务分解成各项工作，再将工作落实到每个人身上，直到无法继续分解。其理念具体如下。

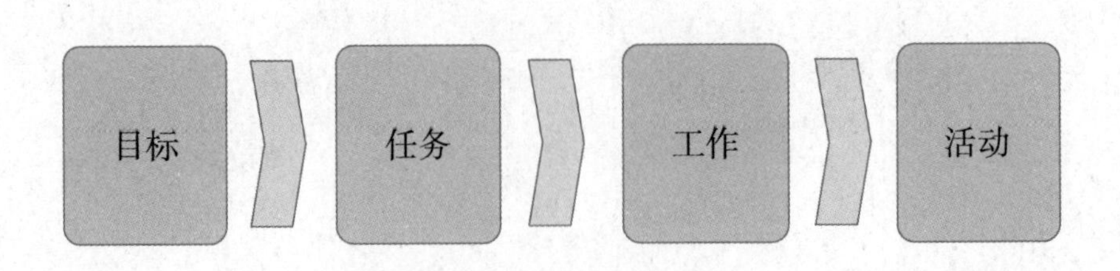

任务分解结构法的理念

就短视频团队而言，其成员就可以按照短视频策划、制作、运营三个方面的工作进行分工。

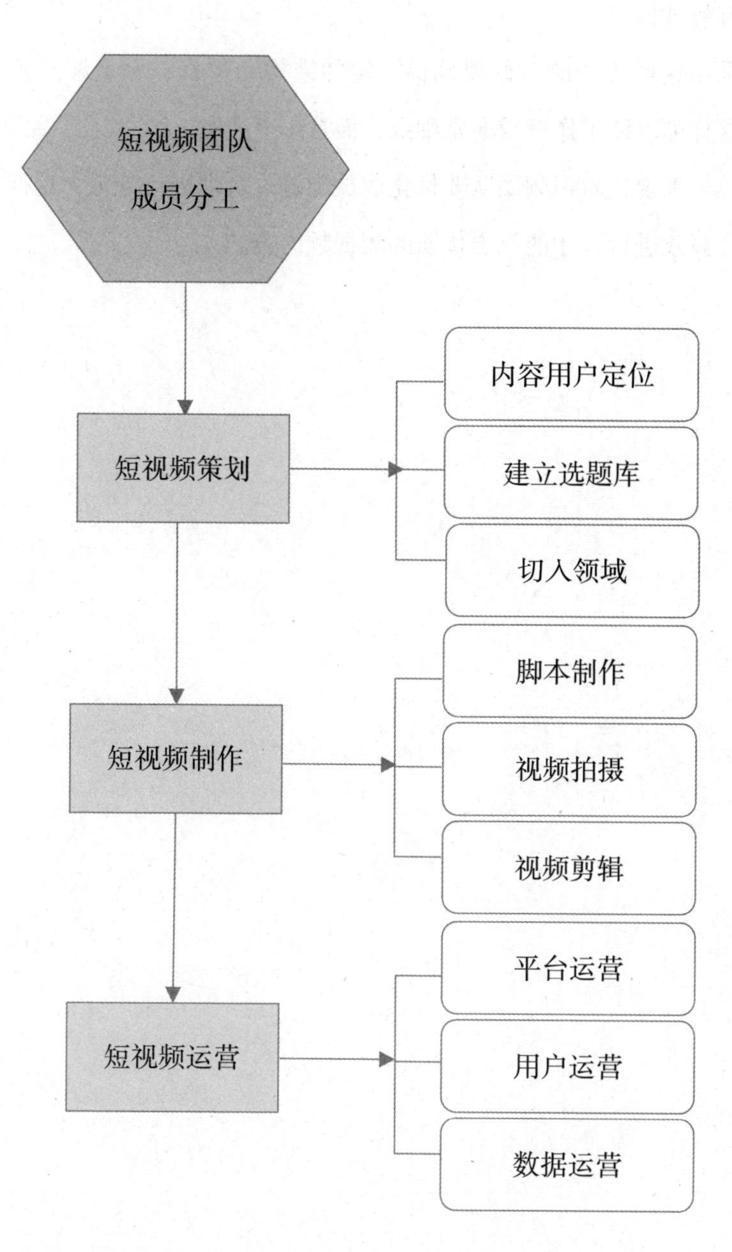

根据任务分解结构法的短视频团队任务分工

可以看出，采用任务分解结构法对短视频团队成员进行任务分工，可以使工作到人、责任到人，每个人都各尽其职，相互配合，确保短视频工作的有效进行。

采用这种方法的时候要确保一定的结构和逻辑，尽量涉及每一项工作，这样可以使工作变得非常细致，而且不会遗漏。

总体来说，短视频团队要优化成员配置，合理进行分工，这样才能确保工作高效进行，才能产出优质的短视频内容。

5.3

不同成员，各司其职、各显其能

各抒己见

短视频团队中的每个成员都有各自的职责，都发挥着自己的作用，他们各司其职，各显其能，推动着短视频制作与运营工作逐步开展。

那么，你知道团队中的成员都担任着什么样的职责吗？你知道坚守不同岗位的成员应该具备什么样的职能吗？

短视频团队配置可简可繁，但有些成员必不可少，下面就对一些重要的成员及其职责进行具体说明。

5.3.1 短视频团队的高级指挥官——编导

短视频领域对编导的要求非常高，要求编导不仅懂得前期规划与内容制作，还要懂得后期摄影与剪辑等。

作为短视频团队的高级指挥官，编导要达到各项全能，才能算是合格的编导。

编导的职责

短视频编导几乎要参与短视频初期到后期的全过程，所以其工作范围最广，职责最多，具体包含以下三个方面。分别是前期的策划工作、中期的拍摄工作和后期的制作、包装工作。

前期的策划工作

短视频的前期策划工作主要是指依据短视频的定位和特征来确定短视频的风格和内容。

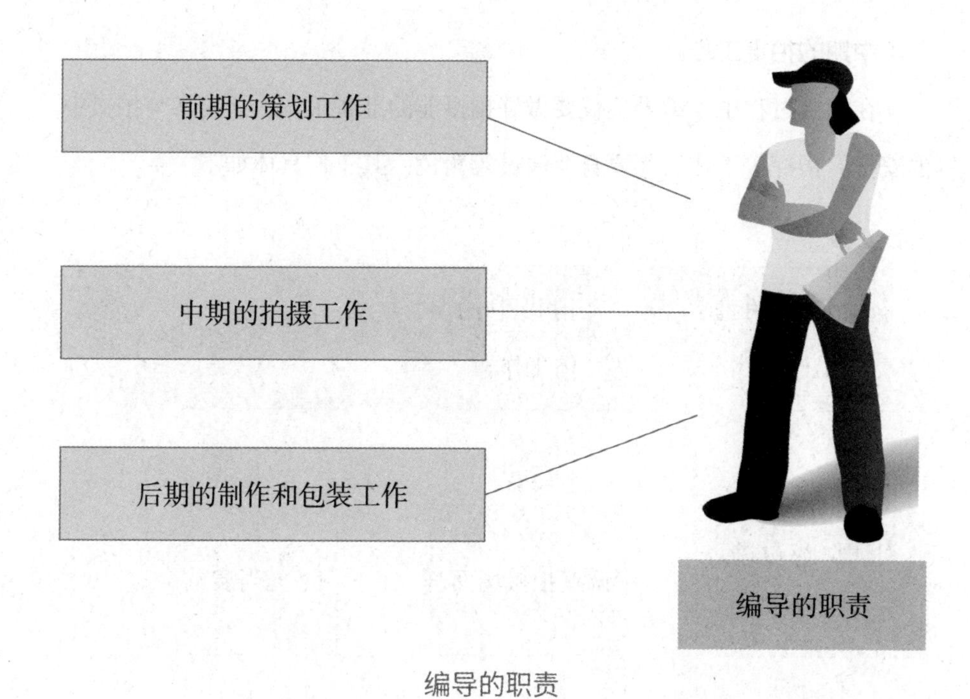

编导的职责

作为编导，在参与短视频的前期策划工作时，要做到以下几点。

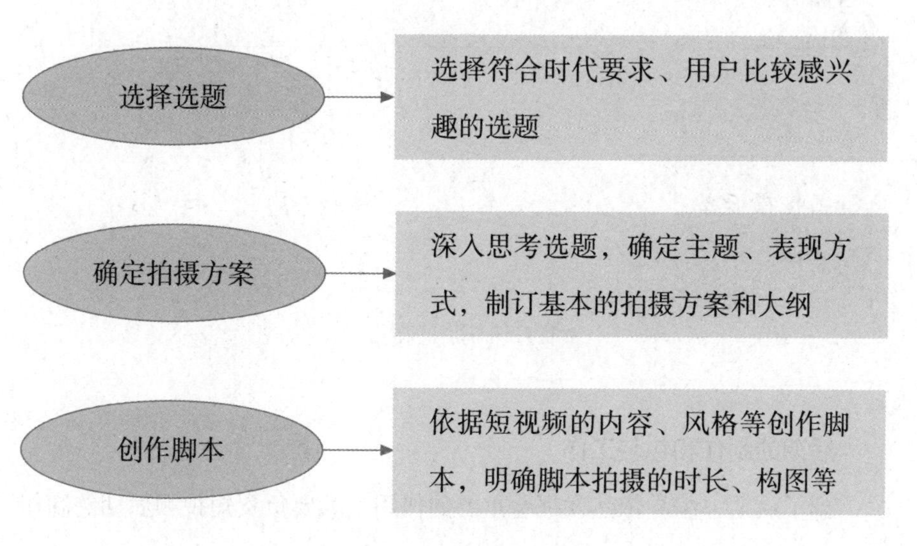

编导的前期策划工作

中期的拍摄工作

在拍摄过程中，编导不仅要做好拍摄前的准备工作，还要参与拍摄中的安排、指挥等工作，还要身兼演员等角色。其工作具体如下。

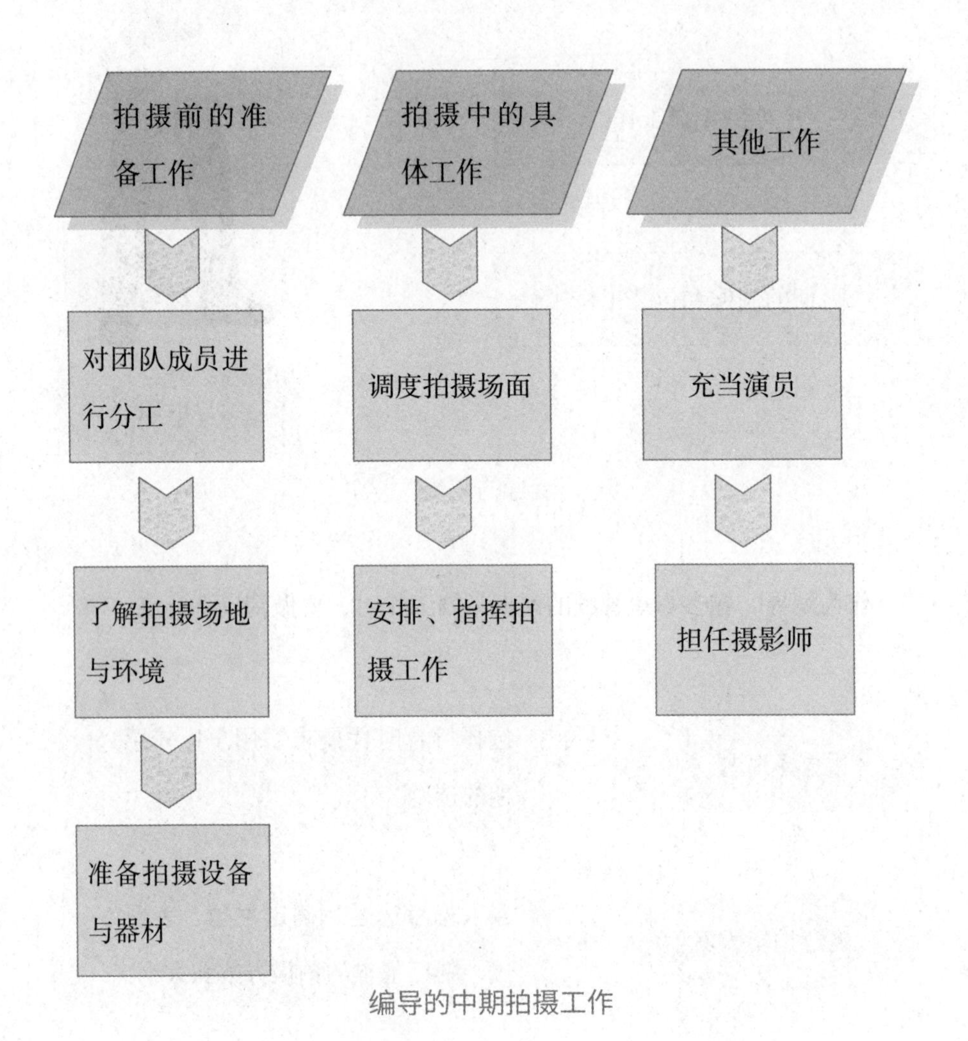

编导的中期拍摄工作

后期的制作和包装工作

到了后期，编导依然发挥着重要的作用，其要负责短视频后期的制作和包装工作。

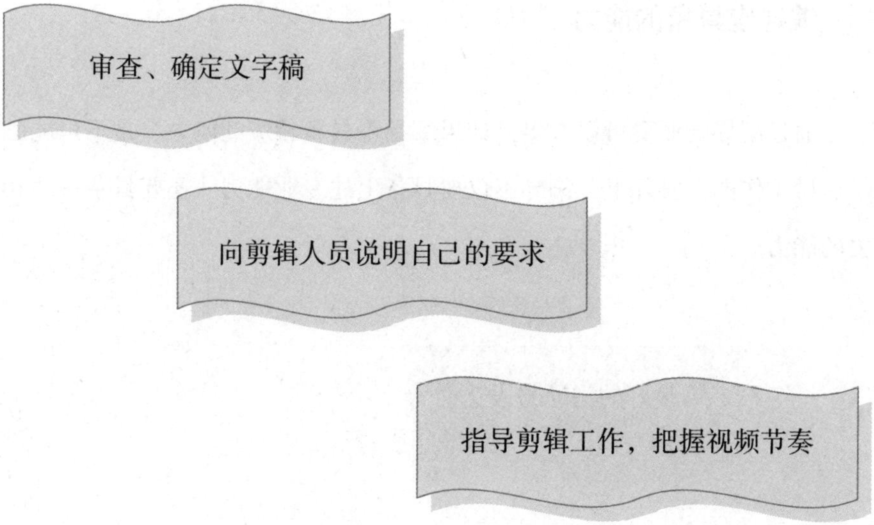

编导的后期制作工作

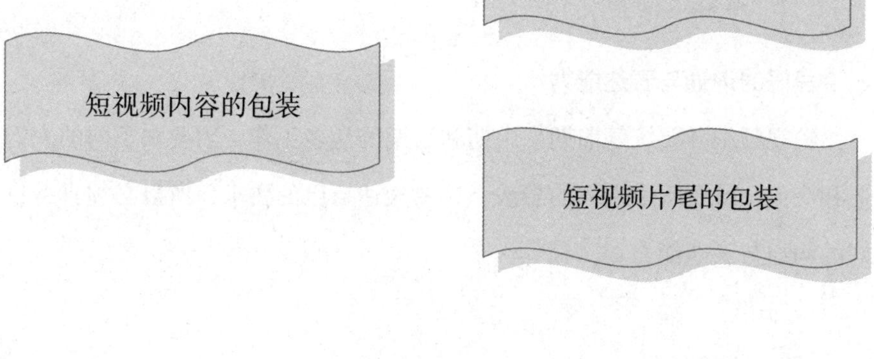

编导的后期包装工作

编导应具备的能力

通过编导的职责可以看出，如果编导不具备相应的能力，是不可能胜任这份工作的。实际上，编导不仅要具备上述专业能力，还要具备一些相关的能力。

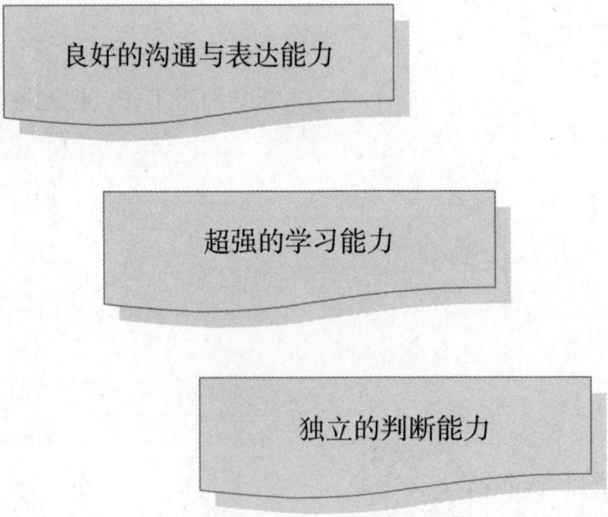

良好的沟通与表达能力

超强的学习能力

独立的判断能力

编导应具备的能力

良好的沟通与表达能力

短视频编导要统筹前期、中期和后期的众多工作，需要和不同的人沟通和交流，既要听取别人的想法，又要表达自己的要求，所以必须具备良好的沟通与表达能力。

超强的学习能力

即便短视频编导已经具备了较强的能力，但短视频领域的快速更新和不同短视频的不同要求，也促使短视频编导必须学习新的知识和技能，具备超强的学习能力，这样才能打磨出优质的短视频。

独立的判断能力

短视频编导作为整个团队的核心人物，要具备独立的判断能力。这是因为在具体的工作中会遇到各种突发状况，此时编导应做到心中有自己的想法，并分析具体情况，迅速、果断地做出判断。

5.3.2　短视频的记录者——摄影师

没有摄影师的拍摄，短视频是不可能成形并推广的，所以摄影师在短视频团队中的作用至关重要。

但要想成为合格的摄影师，还必须具备相应的能力，能肩负起相应的职责，下面就来了解一下摄影师的职责及其应具备的能力。

摄影师的职责

摄影师并不是只要举起摄像机拍摄就可以了，还需要担负起一些相关的工作。具体来说，短视频摄影师应承担以下三大职责。

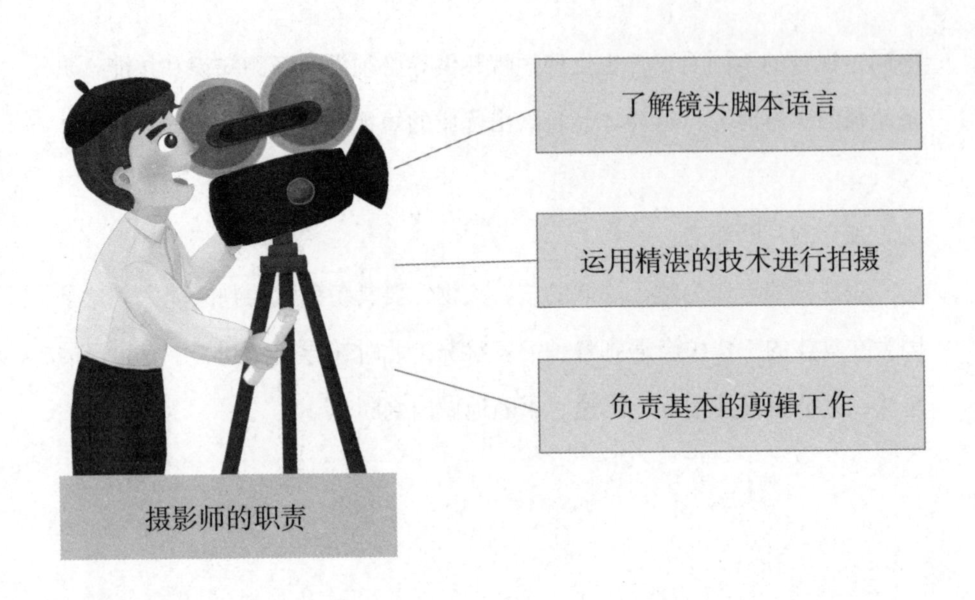

摄影师的职责

了解镜头脚本语言

摄影师的拍摄工作并不是随意进行的，而是要根据脚本来进行拍摄。当脚本制作完成之后，摄影师首先要读懂脚本，然后才能通过镜头将脚本内容呈现出来。也就是说，摄影师的首要工作就是了解镜头脚本语言，然后进行呈现。

运用精湛的技术进行拍摄

当摄影师了解了脚本内容之后，接下来就要发挥精湛的拍摄技术进行拍摄了。

具体来讲，摄影师需要具备以下几种拍摄技术，才能完成短视频拍摄工作。

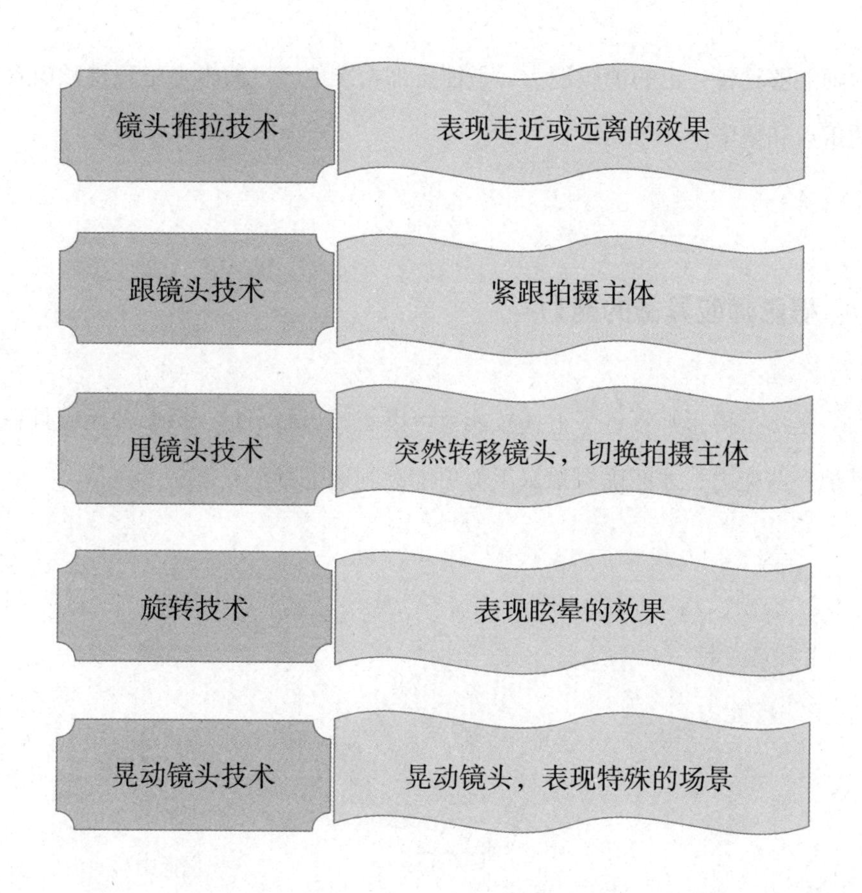

摄影师应具备的拍摄技术

实际上，拍摄技术远不止上述几种，当摄影师具备了丰富的拍摄技术后，就能呈现不同场景和效果的视频，也才能呈现优质的短视频。

负责基本的剪辑工作

人们一般都会认为，剪辑工作是剪辑师应该做的，摄影师主要做好自己的摄影工作就可以了。这样认为就错了。

实际上，拍摄与剪辑有着十分密切的关系，剪辑是以摄影师的拍摄素材为基础的，没有人会比摄影师自己更了解自己拍摄的素材，所以如果摄影师能够具备一定的剪辑能力，就能更加精准地通过剪辑来呈现视频内容的重点和精华。

摄影师应具备的能力

是不是摄影师具备了上述技能就可以了？当然不是，摄影师还应具备其他一些能力，才能确保拍摄工作更加顺利地进行。

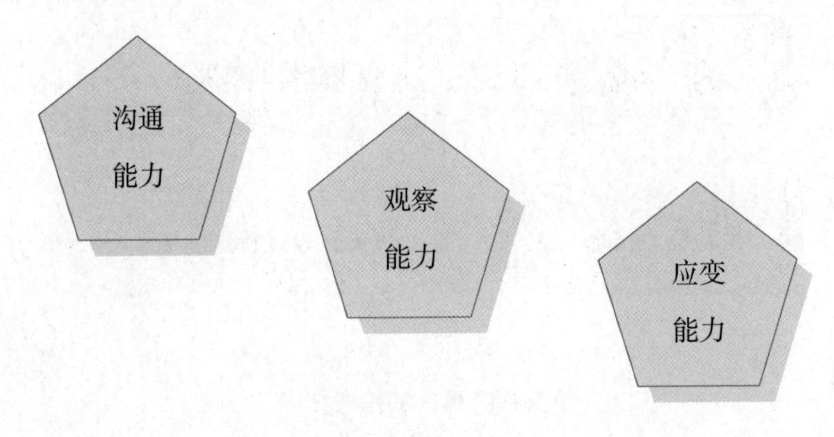

摄影师应具备的能力

沟通能力

摄影师只要静静地拍摄就可以了，有必要和其他人沟通吗？当然有必要。在拍摄的过程中，演员面对镜头的时候可能会有些紧张，而一旦紧张，拍摄出来的效果就比较差，此时摄影师就有必要与演员进行沟通，消除演员的紧张感。

此外，摄影师还需要与灯光师、道具师等进行沟通，确保拍摄工作的顺利进行。可见，沟通能力对于摄影师来说是一项必备的能力。

观察能力

优质的短视频要通过摄影师之手才能形成，这实际上也对摄影师提出了一定的要求，要求摄影师具备细致的观察能力。

只有当摄影师具备超强的观察能力，能够捕捉演员最动人的表情，才能为受众展现动人的画面。

应变能力

拍摄的场景具有不确定性，如在户外进行拍摄时，就会受到天气的影响。具有应变能力的摄影师则会根据当时的情况捕捉最能表现短视频内容的画面。

此外，在拍摄人物或动物时，也很考验摄影师的应变能力，摄影师需要不断调整拍摄角度，来更好地展现人物或动物形象。

萌宠的考验

在短视频平台，我们能看到很多关于萌宠的短视频，并且被这些萌宠可爱的表情、搞笑的动作所深深吸引。

实际上，萌宠的拍摄十分考验摄影师的能力，摄影师要善于观察，要能及时发现萌宠或可爱或搞笑的表情和动作，还要随机应变，迅速捕捉这些画面。

展现猫咪呆萌的眼神、小狗憨憨的走路姿势等，凭的不是运气和巧合，而是摄影师细致的观察能力和应变能力，有时架好一个机位需要等很长时间才能拍摄到可以用作短视频内容的画面，着实不易，面对萌宠的如此考验，你能承受得住吗?

5.3.3 神奇的魔法师——剪辑师

摄影师拍摄完成的素材并不是最终的作品，还不能放在短视频平台上推广，还需要剪辑师的二度创作与加工。只有经过剪辑师之手再度整理过的短视频，才是最终的、完整的短视频。

不过从最初的素材到最终的作品成形，对剪辑师来说是一个不小的考验，需要剪辑师做好相应的本职工作，并具备一定的能力。

剪辑师的职责

在短视频团队中，剪辑师承担着幕后的剪辑工作，具体包含以下几项内容。

剪辑师的职责

整理素材

当剪辑师收到来自摄影师的摄影素材后，首先要做的就是对素材进行整理，分辨哪些是精华，哪些可以直接删掉。

寻找剪切点

在整理好素材进行剪辑前，剪辑师还要找好剪切点，也就是确定好在哪些地方进行剪切。只有找好了剪切点，才能使短视频更加流畅和有节奏。

最常用的方式是在画面的顶点，也就是表情或动作的转折点进行剪切，比如人物笑容消失的瞬间，这样会让受众形成深刻的印象。

剪辑素材

在前期工作准备好之后，接下来就要着手对素材进行剪辑。剪辑素材需要剪辑师具备基本的技能，并确保剪辑的画面动作连贯。

选择配乐

音乐最能引起受众的共鸣，所以优秀的剪辑师非常善于在短视频最动人或最温馨的时刻加入相匹配的音乐，以增强短视频的感染力。对此，选择配乐也就成了剪辑师最基本的职责之一。

剪辑师应具备的素养

剪辑过程是对素材的再创造过程，所以剪辑师不仅要具备基本的剪辑技能，还要有导演的意识，具备一定的素养。

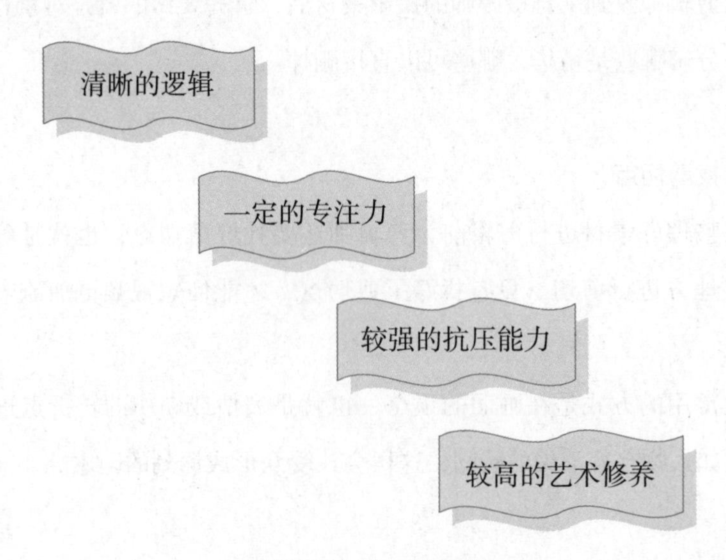

剪辑师应具备的素养

清晰的逻辑

有时候，摄影师拍摄出来的素材有些混乱，但呈现给受众的视频必须是完整的、能够被理解的内容，这就需要剪辑师具备清晰的逻辑。

通常，剪辑师首先要明确素材的核心是什么，然后确定剪辑的具体方式，确保剪辑好每一个镜头，最终呈现连贯、生动的画面。

一定的专注力

缺乏专注力，就无法认真、专心地完成一件事，对于短视频剪辑来说也是如此。如果剪辑师缺乏一定的专注力，没有将全部精力放在剪辑工作上，那么就很难剪辑出好的短视频。

在剪辑过程中，剪辑师要专心致志，认真感知素材，深入挖掘故事，仔细捕捉画面、情绪，选择最切合的音乐，只有这样才能使制作出的短视频具有表现力，也才能打动受众。

较强的抗压能力

剪辑工作是非常枯燥和烦琐的，需要剪辑师不断地摸索和优化，付出很大的精力和较多的时间，如果没有强大的心理素质和较强的抗压能力，是很难胜任这项工作的。

较高的艺术修养

短视频既要展现最佳的画面，又要呈现最动人的故事，还要匹配最贴切的音乐，如果剪辑师没有较高的艺术修养，是很难做到的。

有经验的剪辑师都具备一定的美学修养、美术修养和音乐修养等，他们懂得如何通过剪辑展现最佳画面，明白如何选择镜头来呈现动人故事，知道选择什么样的音乐以及何时播放音乐最能拨动心弦。

5.3.4 幕后的推手——营销者

短视频制作完成后，如果没有营销者的推广，那么短视频也就失去了其本身的意义，这也说明了运营的重要性。

在短视频领域，运营很重要，而在运营中，营销又有重要地位，没有良好的营销曝光，就不会有良好的转换率。

短视频营销，是短视频推广运营的重中之重，营销者必须充分认识到，短视频营销与短视频内容生产同等重要，甚至有时在一个短视频成为全网爆款的过程中，营销比短视频内容生成更重要。这实际上也说明了短视频营销者的重要性。

那么，短视频营销者到底承担着哪些重要的职责呢？他们又具备怎样的能力呢？下面一起来了解一下。

营销者的职责

短视频营销人员是伴随着短视频的出现而出现的新兴职业，其主要职责是利用一些短视频平台，如抖音、快手等进行推广和宣传短视频。

具体来讲，短视频营销者主要负责以下四个方面的工作。

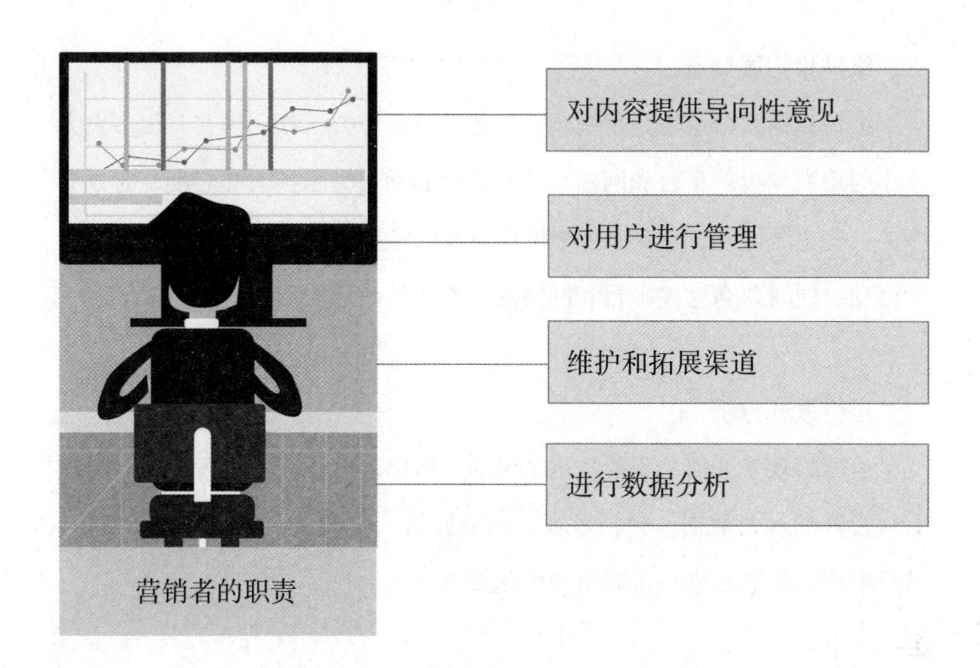

营销者的职责

对内容提供导向性意见

营销者作为后期的推广者，并不直接参与前期的内容制作，但这并不代表营销者与内容制作脱节。实际上，营销者与短视频的内容制作有着密切的联系，营销者会根据市场动向和用户反馈，为短视频创作者提供一些导向性意见，指引着短视频朝着市场和用户喜爱的方向发展。

对用户进行管理

对用户进行管理是短视频营销者的重要职责之一。具体来讲，营销者要及时收集用户的反馈，适时与用户互动，不时地组织用户开展活动等，与用户建立密切、良好的关系。

维护和拓展渠道

维护和拓展渠道也是短视频营销者的日常重要工作。现在有很多大大小小的短视频投放平台和网站，这些平台和网站为了扩大知名度，时常会举办一些主题活动，营销者要做的就是及时掌握这些动向，并积极参与各项活动，同时要与这些平台和网站的工作人员沟通协商、签署协议等。

进行数据分析

运营的效果如何，需要数据来说话。所以，短视频营销者需要时时观看短视频的运营数据，包括短视频的播放量、收藏量、评价量、转发量，然后根据这些数据进一步调整和优化短视频。

营销者应具备的能力

短视频营销者的职责也决定了短视频营销者应具备的能力，具体包含以下三种能力。

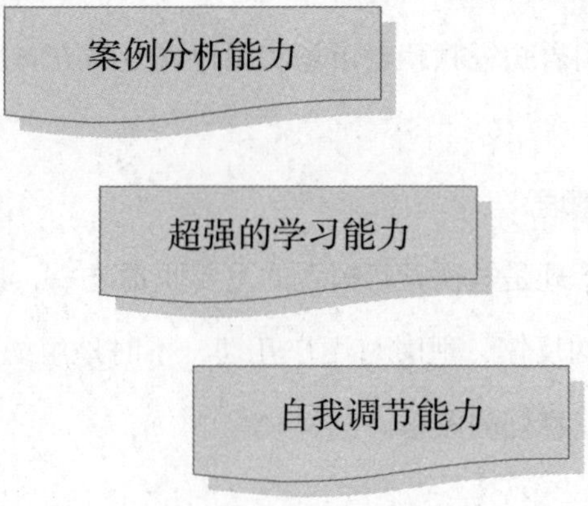

案例分析能力

超强的学习能力

自我调节能力

营销者应具备的能力

案例分析能力

什么是案例分析能力？简单来说，案例分析能力就是从他人身上获取成功经验，来提升自己工作水平的能力。具体来说，你可以认真观看几个比较热门的短视频，然后分析这些短视频受用户喜爱的原因、用户转发的理由等。

超强的学习能力

一方面，短视频营销属于新发展起来的职业，规范化的体系还没有形成，需要短视频营销人员在日常的工作中不断学习和摸索。

另一方面，短视频行业的更新发展速度也是非常快的，需要短视频营销人员不断学习，更新知识。

只有在平时的工作中不断学习和探索，才能运营好短视频，也才能获得更多受众的认可。

自我调节能力

一般来说，我们对销售这个行业比较熟悉，知道销售人员的压力比较大，实际上，短视频营销有着与销售同样的性质，短视频营销者每天也顶着巨大的压力。他们既要逆向负责内容管理，又要正向负责渠道管理，如果没有一定的自我调节能力，是很难胜任这份工作的。所以，短视频营销者必须具备一定的自我调节能力。

第 6 章

引爆流量：组合营销打造短视频流量王国

● REC

各大短视频平台竞争激烈，流量的风向随时可能发生改变，坚持持续高产，才能持续引流并确保你和你的短视频有机会被更多的人看见。

如何在万千短视频中脱颖而出？如何让短视频持续保持热度？接下来，我们一起探究让短视频能持续高产、贴合粉丝需求产出内容、引流变现的方法。

AUTO

6.1

流水不争先，争的是滔滔不绝：持续高产

各抒己见

用户在刷到一个特别喜爱的短视频后，果断关注创作者，可是很长时间过去了，或许是一周、一个月，这个新关注的创作者始终没有更新作品，以致于用户忘记曾经关注过这个创作者。

如果你是一名短视频创作者，上述情况会给你带来什么样的影响呢？你认为短视频创作者应该持续高产吗？你认为间隔多长时间更新一次作品比较合适呢？

6.1.1 短视频创作者为什么要持续高产

高产，才有更多机会被看见

如果你是一位短视频创作者，你一定了解当下短视频的火爆程度。相关数据表明，早在 2018 年，抖音平台的 5724 个政务号和 1344 个媒体号，共发布短视频作品超过 41 万个，累计获赞超过 69 亿；快手上发布作品的用户超过 1.9 亿，日均上传原创作品超过 1000 万条[①]。这些庞大的数字背后，蕴藏着无数个感人的故事，也暗藏着短视频作品之间的激烈竞争。

在短视频平台这一个个巨大的流量池中，每天都有千万个短视频作品更新，每一个作品都很容易被淹没在短视频的海洋中，只有持续高产，才能增加短视频被看见的机会。

高产，才能不断提升商业价值

一般来说，灵光乍现的爆款短视频虽然会获得超高的点赞和评论，但是其热度只会持续很短的一段时间，商业价值不稳定。

持续的高产，能带来持续的流量，不断创作的新的短视频还可能会带来新的话题，进而吸引更多粉丝，这也就意味着，持续的高产能保证一直有持续不断的曝光度，这样的短视频往往具有可被投资的商业价值。

---

① 传媒内参 . 抖音快手发布 2018 大数据报告，两大短视频平台总日活已超 4 亿 [EB/OL]. https://www.sohu.com/a/293089275_351788，2019-2-2.

持续高产，能让短视频创作者完成从创作者向高产、高热度、大流量的短视频营销者的转变。

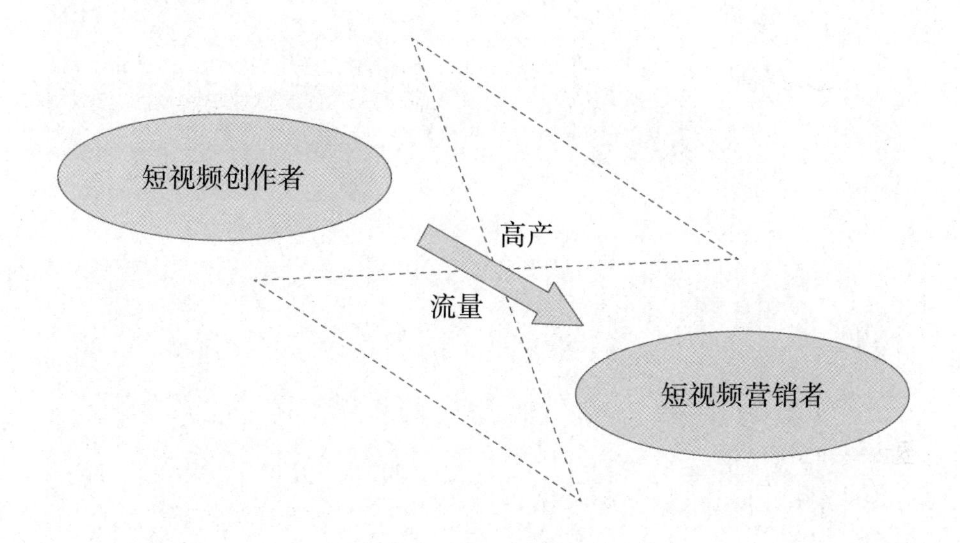

高产能提升短视频的商业价值，实现从创作到营销的转变

6.1.2　间隔多久发布一次短视频作品是合理的

对于一个爱看短视频的人来说，他每天都会点开某个或某几个短视频软件看上一会儿，因此如果想让用户记住你，最好的办法是尽可能频繁地更新短视频。

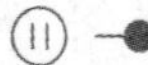

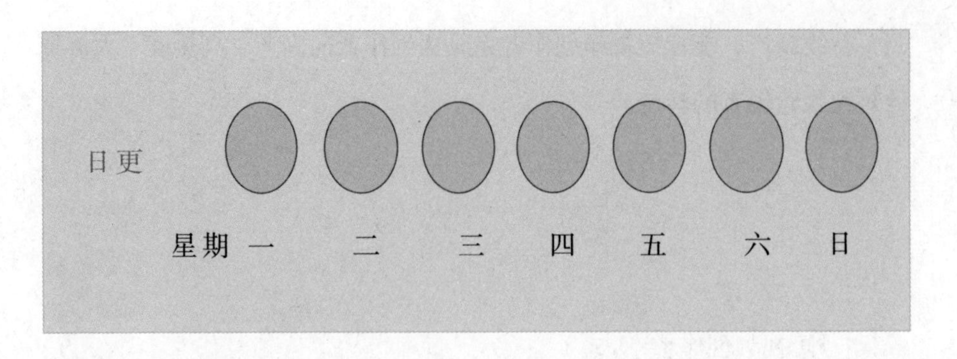

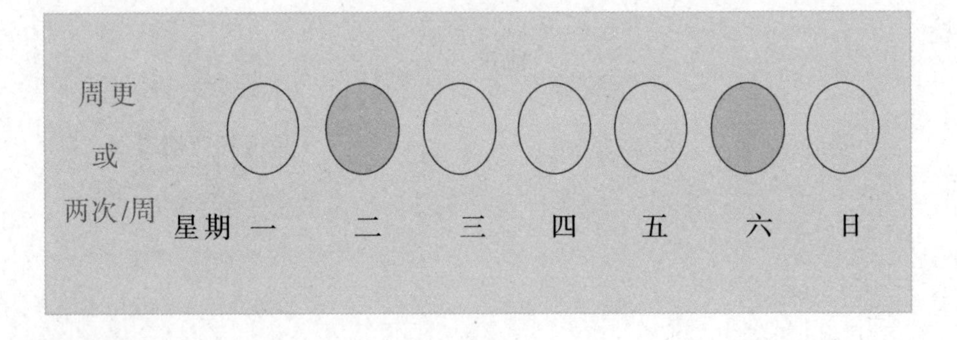

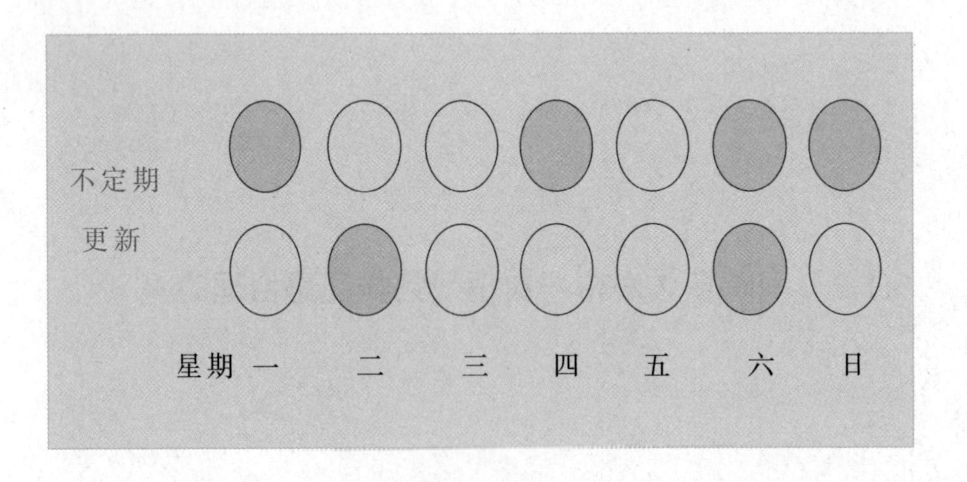

短视频的常见更新频率

最佳的更新频率是日更

短视频日更，对于刚入行的短视频创作者来说，是非常难的一件事。但也必须认识到，日更才能增加你的短视频作品的“曝光率”，这是让用户尽快记住你并对你产生依赖感的有效方法。

一个普通的短视频用户，通常会关注不止一个短视频创作者，这就意味着有很多个短视频创作者在“瓜分”用户的休闲时间，而用户的休闲时间是有限的，如果不能做到让用户（粉丝）每天都看到你，随着用户（粉丝）看到你的作品的次数的减少，你的短视频作品在众多他关注的短视频创作者的作品中就会趋于劣势。

要想让用户（粉丝）记住你，就必须尽可能多地出现在他的视野中，再计算上拍摄和制作短视频需要的时间，因此对于短视频创作者来说，日更是一个比较“勤快”的更新频率，这样的更新频率更有机会被用户（粉丝）看到和关注。

每周更新一次或两次

如果不能做到日更，建议每周更新一次或两次。

一般来说，三天或一周是一个小的记忆周期，当用户（粉丝）两三天前看到过你的视频，快要将你遗忘时，你的更新会“唤醒”用户（粉丝）的记忆，再次看到你，用户（粉丝）会有亲切感。

对于短视频创作者来说，如果选择每周更新一次或两次，在每次更新之前，你不至于被用户（粉丝）彻底忘记，同时你也有充分的时间去精心准备短视频的内容与素材，认真剪辑短视频、构思文案、提升短视频作品的质量。因此，每周更新一次或两次是一个比较舒服的更新频率。

不定时更新

不定时更新短视频，即两次短视频更新之间的时间不固定，可能是一天一更，也可能是两三天一更、一周一更。

不定时的更新，有利有弊，它会让用户（粉丝）难以“蹲点”看到你的短视频；突然的更新也会让用户（粉丝）有惊喜感，有所期待。当然，前提是你的短视频内容足够吸引人。

一般来说，不定时更新的短视频间隔时间不会超过一周，超过一周的更新可能会让用户（粉丝）忘记你。

在一天的什么时候更新

短视频更新时间应该选在用户（粉丝）观看短视频的高峰期，当用户（粉丝）刚好有时间看短视频时，你的短视频作品刚好更新发布，这正是非常符合时宜的推广。

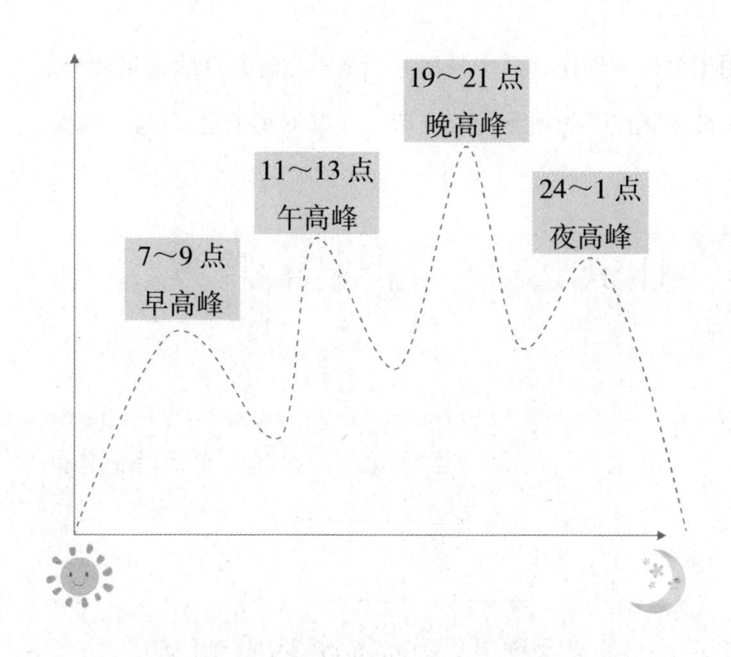

短视频用户看短视频的高峰时间段

这里需要特别提醒你的一点是，在更新之前，一定要预留平台对短视频审核的时间，一般为 0.5～2 小时，因此要计算好发布作品的时间和平台中其他用户能看到视频的时间。

6.1.3　如何做到持续高产

持续高产并非易事，因为持续高产意味着要有很多的创意、素材、主题去用于短视频创作，其中任何一项都不太容易持续大量拥有。

短视频制作要想达到持续高产，有以下几个建议可供考虑。

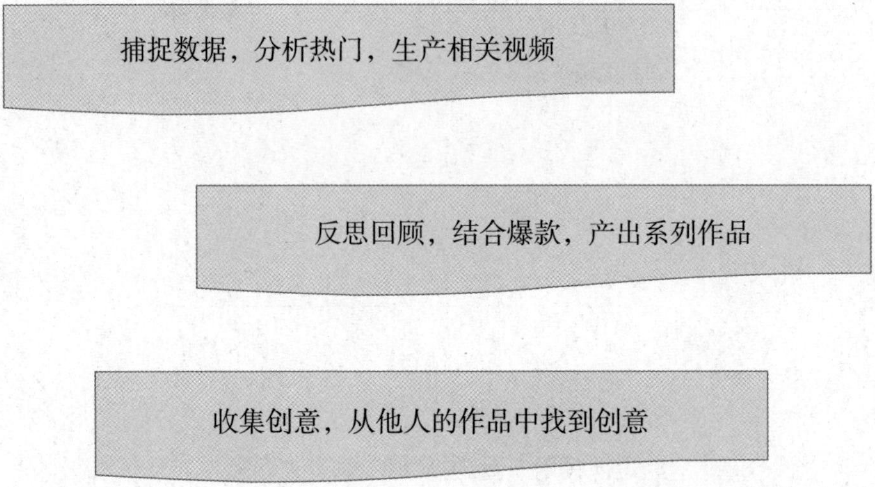

捕捉数据，分析热门，生产相关视频

反思回顾，结合爆款，产出系列作品

收集创意，从他人的作品中找到创意

短视频持续高产的方法

捕捉数据，分析热门，生产相关视频

自己生产短视频内容之前，先要了解所入驻的平台中哪些视频的点赞数和评论数最高，哪些话题正具有较高人气的讨论度，这些都可以通过本书第二章的数据工具去获取、分析。

找到了热门话题与热门内容，拍摄和制作相关视频，就有机会持续被系统推送。

反思回顾，结合爆款，产出系列作品

如果你已经制作和发布了数量可观的短视频，你可以对自己以往的短视频作品及时进行总结、复盘，看哪些短视频的点赞量和评论数高、自己在拍摄哪一类短视频时更具有优势，此后就可以专攻这一方面内容和主题的短视频。

需要注意的是，如果你有一条短视频是爆款，点赞数达到几十万，但是其他短视频作品点赞数量寥寥，只有几十、几百个赞，要特别分析自己发布的爆款视频是否是“昙花一现”的创意之作，还是可以成为系列作品中的一个子作品。

创意之作，需要不断的新创意支持，这一点非常难。

如果可以拓展成系列作品，则能保持持续的短视频产出，稳定的内容才是短视频源源不断产出的重要基础。

收集创意，从他人的作品中找到创意

对于短视频创作者来说，有创意的视频会大概率地成为爆款视频，但是即便是一个优秀的短视频创作者，也总有江郎才尽的一天，那么如何才能一直保持创作出有创意的视频呢？

善于学习，注重推敲，他人的优质视频能给你带来创作灵感。

国内外有很多短视频平台，这些短视频平台每天上传的有创意的短视频非常多，如国内的抖音、快手、点淘、今日头条、微博、小红书；国外的 Facebook、Instagram 等，这些平台的优质视频都可以用来学习、借鉴，从中获取创作灵感。

这里需要特别提醒的一点是，学习与借鉴不等于抄袭，制作短视频，要始终树立版权意识，任何时候创作短视频，都不能抄袭，用抄袭来的创意制作出来的短视频不管其是否能成为爆款，都会对原创者和你自身造成不可预估的伤害。

尊重原创，才会有更多原创。

出彩营销

系列作品确保高产，更能脱颖而出

找到短视频创作主题，并持续延续这一主题，就可以创作出系列短视频作品，并能找到自己的短视频风格和特色。

系列作品中的优秀短视频比比皆是。

例如，曾火爆全网的《男性生存法则》系列短视频，以及由此延伸出的持续、稳定更新的“周一放送”，一个话题可以衍生出多个短视频，并能持续推送新作品。

再如，抖音平台上“用物理讲解人生道理”的物理短视频，在展示物理现象和物理原理的同时，也在视频的结尾处总结出人生哲理，寓教于乐，让网友们纷纷点赞，许多网友感慨“如果上学时遇到这样的物理老师，我的物理就有救了”“非常有意思，每一条视频都和孩子一起看”。

6.1.4　坚持高产，不忽视优质

当然，在决定做短视频时，你就应该意识到，必须坚持不断创作出新的作品，这就意味着你需要投入大量的精力和时间在收集内容和资料、拍摄和剪辑短视频上。

要成为优秀的短视频创作者，应坚持创作，坚持高产，但也必须充分重视短视频的创作质量，不能单纯求多而忽视了短视频的质量，优质的短视频才是营销的基石。

6.2

内容推广，增强用户黏性

6.2.1 了解用户的需求

了解用户的需求，才能根据用户的需求去制作内容、进行推广。

通过内容推广来增强用户黏性，一个最主要的方法就是以内容付费的模式来进行短视频营销，这是当下各个视频网站都非常推崇的营销利器。要想运用内容付费模式进行短视频营销，除了要将短视频做好，还要知道用户为什么会选择付费观看你的短视频。

对内容的需求

对于用户来说，吸引人的短视频或者是好看，或者是有用，也或者两者兼备。

一方面，在各种短视频充斥网络的时代，越来越多的用户已经不满足于观看那些制作粗糙、剧情老套的短视频了，制作精良、内容优质的短视频即使需要付费，也会引来很多忠实粉购买。

另一方面，现在越来越多的人喜欢通过短视频来学习各种技能，比如英语口语、美食烹饪、社交技巧等，因此如果选择制作这种知识类的短视频，一定能吸引很多有需求的粉丝付费观看。

对人物的崇拜

对人物的崇拜，这里既指用户对短视频创作者的崇拜，也指他们对视频中出现的及提到的人物的崇拜。其实这就和影视剧一样，粉丝会因为崇拜或者喜欢影视剧的导演、编剧、演员等人物而愿意付费观看。

猎奇

网络上的短视频丰富多样，其中不乏脑洞新奇的作品，在点开视频之前，你永远也猜不到创作者会以怎样的方式去演绎一个个奇妙的故事，这就给了用户很大的新鲜感。

6.2.2　结合用户需求有针对性地推广

优质的短视频内容，会让用户愿意为了满足自己的学习需求、支持明星的需求、满足好奇心和探索心的需求，而去付费观看短视频。

了解了用户选择观看付费内容的原因之后，就可以对症下药，针对用户的不同目的来进行内容推广。

针对用户的内容需求，一方面要重视短视频的选材与内容的制作，另一方面也可以重点突出视频中的知识的专业性。

针对用户的崇拜心理，可以充分发挥被崇拜的人物的人格魅力来吸引用户，比如让他多在视频中参与演出，或者多开展人物与粉丝的互动活动等。

针对用户的猎奇心理，在短视频的选题上可以多考虑当下比较新潮的事物，或者一些冷门知识等。

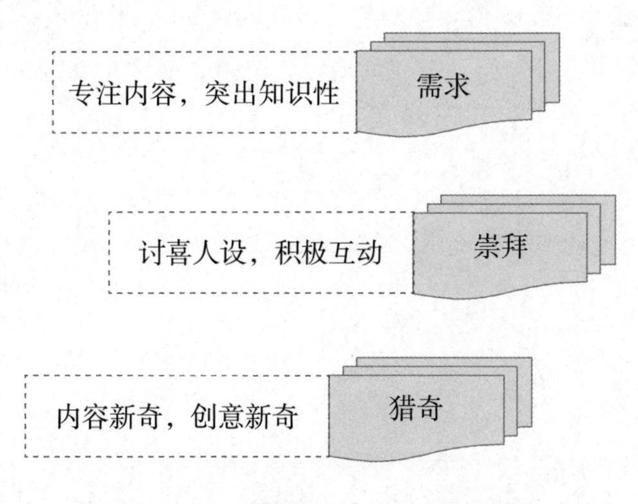

有针对性的内容推广可增加用户黏性

6.3

吸粉引流，玩转粉丝经济

各抒己见

短视频尤其是产品类的短视频营销，其目的当然是要吸引观看视频的人成为消费者，来购买视频中推广的产品。不过，看视频的人不一定会成为粉丝，成为粉丝的人也不一定会购买视频中推荐的产品。

那么，如何才能吸引更多人关注自己的视频，成为自己的粉丝呢？又如何让这些粉丝变成自己的忠实消费者，将积攒的人气转化为实实在在的财富呢？

要想在短视频营销领域占有一席之地，除了要具备制作优质短视频的能力，还要通晓粉丝运营之道，使粉丝愿意为你的创作或推荐的产品买单。

6.3.1 认识粉丝种类，才能有的放矢

组成粉丝的群体形形色色，各种人都有，在短视频领域，一般将粉丝划分为三大类型。

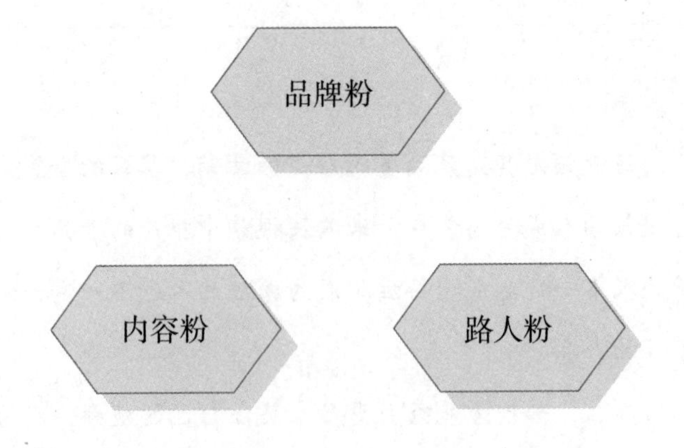

三大粉丝种类

品牌粉

品牌粉关注的是短视频创作者的人格魅力以及短视频本身的品牌属性，他们能够从中获得一种归属感和依赖感，因此是三大粉丝种类中忠诚度最高的一类。

品牌粉的用户黏度非常高，所以在进行短视频营销时，应该将这类粉丝作为最重要的推广对象，当然，他们也会成为最重要的价值变现对象。

内容粉

内容粉，顾名思义，关注的是短视频中的内容，他们对视频内容的质量要求很高，同时也会有很高的数量要求，会经常催促创作者更新视频，而如果创作者发布的视频内容质量下降，他们就会毫不犹豫地取消对创作者的关注。

内容粉的忠诚度要低于品牌粉，不过由于他们对视频内容的关注，也会给短视频创作者带来很多鼓励与启发，促使创作者制作出更多质量上乘的作品。

路人粉

路人粉对短视频创作者及其作品的关注纯属偶然，他们可能是在观看相关视频的时候顺手点击了关注，并有了第一次的观看，不过在这之后他们可能会继续观看该创作者的短视频，也可能会选择取消关注。

路人粉的忠诚度是最低的，但是他们的数量庞大，虽然他们来来去去，有的会彻底离开，但有的也会转化为内容粉或者品牌粉，因此一定要想办法留住更多的路人粉，使他们习惯每天观看你发布的视频，并转化为内容粉或者品牌粉。

6.3.2 把粉丝导入微信，维护粉丝

短视频发布平台虽然会显示播放量信息，但是要想更好地了解粉丝资源，还需要更详细的数据，这就需要微信公众号的帮忙，微信公众号中的数据库信息可以帮助短视频发布者更好地了解粉丝的特点以及与粉丝进行互动，如此才能积累更多的粉丝，并实现流量变现。

在短视频中给微信公众号导流，主要通过三种方式进行。

通过视频内容吸引粉丝关注公众号

通过内容吸引粉丝关注公众号的形式有很多。

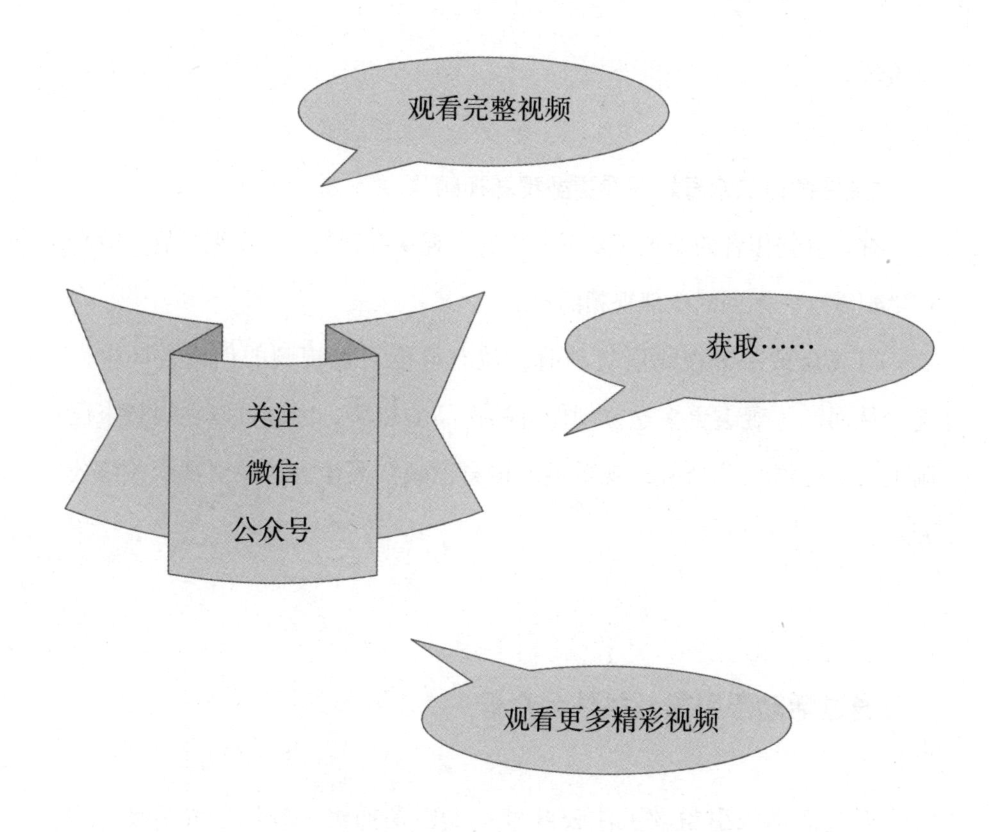

通过内容吸引粉丝关注的形式

“关注微信公众号，观看完整视频”

在制作好短视频后，你可以先截取视频中的一部分发布，最好是在精彩部分视频刚好停止，并附上“关注微信公众号，观看完整视频”之类的信息，这样便会勾起观众的兴趣，使其迫不及待地关注公众号继续观看。

“关注微信公众号，获取……”

如果你发布的短视频是关于美食秀或者服装秀之类的内容，那么就可以在视频末尾附上“关注微信公众号，获取食谱 / 穿搭技巧”等信息，吸引粉丝关注。

“关注微信公众号，观看更多精彩视频”

有一些创作者的短视频是系列式的，观众看到其中一个视频后，就会产生观看这一系列的全部视频的想法。

当观众被一个视频所打动时，就有可能对该视频的创作者产生兴趣，从而产生观看更多这位创作者的作品的想法，因此可以在视频末尾附上“关注微信公众号，观看更多精彩视频”等信息，吸引观众关注公众号。

通过活动吸引粉丝关注公众号

通过活动吸引粉丝关注公众号，主要是抽奖、领红包等活动。例如，可以在视频末尾附上“关注微信公众号有奖品 / 可参与抽奖活动 / 领红包”，或者“在微信公众号留言，可抽取幸运用户领取奖品”等信息。

在视频中直接展示公众号信息

在视频中直接展示公众号的方式非常简单，只要将公众号名称和二维码放在视频的末尾处就可以了，也可以选择在视频全程的右下角都展示微信公众号信息，引起观众的注意。

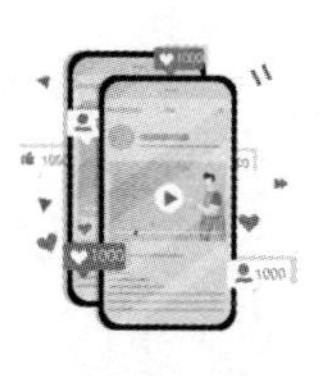

出彩营销

把粉丝导入微信，通过微信来引流

有一个在网上很火的专做手机摄影短视频的创作者，最初他只在快手发布视频，引来了一大批粉丝的关注。后来他开通了与快手短视频栏目号相同的微信公众号，并开始在每一条发布的视频的末尾都附上自己的微信公众号及个人微信号，并引导用户关注。

同时，该短视频创作者还在微信公众号开通了微店，粉丝可以直接在微店购买视频中推荐的相关产品，实现了流量变现。

6.3.3　持续更新视频，吸引粉丝观看

信息时代，各种新事物、新热点层出不穷，每天都在变化，如果你很久都没有在平台上更新视频，很快就会被粉丝遗忘，甚至被取消关注。

持续更新视频时，要做到这几点。

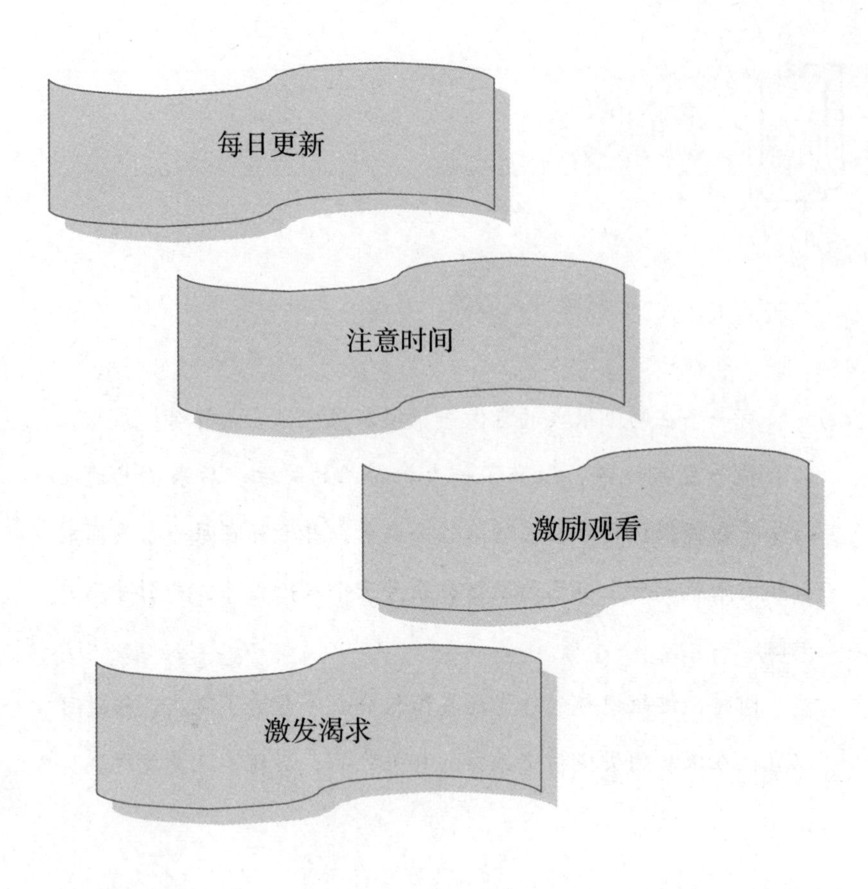

持续更新视频要做的工作

保持持续更新

习惯是需要养成的，要想让你的粉丝养成经常甚至每天观看你的视频的习惯，那么首先需要你持续推出新作品。

保持每日或定期、定时更新，不仅可以让粉丝有机会每天都观看到你的新作品，从而养成习惯，而且可以促使你多多创作，勤于思考，善于发现每天的新事物，从而提高你的短视频创作能力。

注意更新时间

除了要保持每天的更新，还要注意每天更新的时间。最好的更新时间段有两个，一个是每天的下班 / 放学时间，这个时候上班上学的人正好结束了一天的工作或学习，很多人都会选择在地铁上或公交车上用手机刷刷视频，放松心情；还有一个是晚饭后至睡觉前的这段时间，忙碌了一天的人们正好有时间浏览各种公众号、视频号等。

激励粉丝每天观看

虽然能够保持每天的视频更新，但是粉丝关注的视频账号那么多，怎么能让他们形成每天都观看你的视频的习惯呢？这就需要你采取一些激励措施了。

激励用户每天都观看短视频的方式有很多，比如可以告诉粉丝，如果坚持每天在视频下面发表评论，连续发表多少天就可以获得红包或礼品，或者每天观看视频的粉丝都可以参与一次抽奖活动等。

激发粉丝对新视频的渴求

光让粉丝养成观看你的视频的习惯还不够，你还需要激发他们对你的新视频的渴求，即“催更”。

要想做到这一点，就需要创作者每天都发布优质、吸引人的内容，如果内容允许的话，还可以适时地变换一下视频风格，给粉丝带来新鲜感，或者也可以多创作一些系列视频，吸引粉丝对视频内容的持续关注。

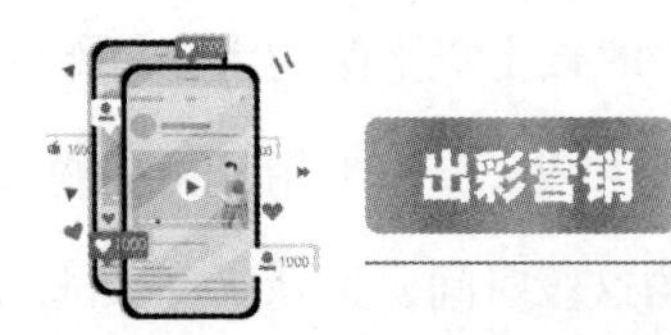

抖音短视频里的内容变化

自 2016 年上线到现在，抖音可谓是迅速俘获了我国各个年龄段的人群，下至 3 岁孩童，上至 8 旬老人，不仅会看还会玩，开启了全民自嗨模式。

不过，抖音里都有些什么呢？作为今日头条孵化的一款音乐创意短视频社交软件，抖音的产生背景是音乐短视频的流行，因此最开始抖音里的内容主要是音乐与舞蹈，后来内容逐渐多样化，包括晒日常生活的、讲电影的、讲新闻的、讲美食的、讲文化艺术的……应有尽有。

抖音里的内容为什么会出现这种变化呢？这其实与抖音的用户定位变化有关，最开始抖音的定位是面向年轻人，而这一群体对音乐短视频有狂热的爱好，后来定位逐渐放大，扩展到各个年龄段，为了适应这一变化，其内容也出现了相应的变化，这样一来，无论观众是什么年龄，什么身份，基本都能在抖音里看到自己想看的东西。这就是抖音短视频营销的成功之处。

6.3.4　提高粉丝的活跃度

粉丝的活跃度主要体现在哪些方面呢？当然是对视频的评论数、弹幕数、点赞数以及转发数，其中评论数与弹幕数的含金量最高，最能反映粉丝对视频以及对视频创作者的关注。

要想提高粉丝的活跃度，可以从几个方面入手。

提高粉丝活跃度的方式

向粉丝征集话题

向粉丝征集短视频话题，一方面可以实现与粉丝的互动，提高粉丝的参与感与归属感。另一方面，短视频创作者在长期的创作过程中也可能陷入瓶颈期，一时之间想不到好的话题与创意，而粉丝提出的话题很可能给创作者提供一定的启发，帮助自己更好地进行创作。

向粉丝征集内容

向粉丝征集短视频内容，其实就是先由短视频创作者在网上发出一个话题，如“我最讨厌男朋友 / 女朋友做的一件事”，让粉丝在公众号下留言回复，然后从留言中选取一些比较好的事例作为下期短视频的拍摄内容。

抛出有争议的问题

在短视频的结尾抛出一个有争议的问题，并欢迎粉丝在下面留言讨论，这样既可以实现粉丝与短视频创作者之间的互动，也可以为视频提高热度，吸引更多的人参与观看与讨论。

及时回复粉丝

粉丝在短视频下面评论其实是抱有期待的，如果创作者能够及时给粉丝回复，那么粉丝心里就会产生自豪感与满足感，促使他们在未来也同样积极评论，成为活跃粉。

当然，对于粉丝很多的视频创作者来说，即使有专门的团队支撑，也无法做到给每一个粉丝回复，这时候就可以选择对前 ×× 条评论进行回复，或者选取一些具有代表性的评论来进行回复。

6.3.5　把粉丝变成消费者

吸粉引流的目的，就是要把观看短视频（这里主要指产品类的短视频）的粉丝变成消费者，让他们购买视频中推荐的产品。

从短视频过渡到营销

你一定也发现了，现在很多人都对“营销”“推销”这一类的词非常反感，很多公司门口甚至都会贴上“谢绝推销（营销）”的字条。因此，在做短视频营销尤其是产品类的短视频营销时，切忌从一开始就告诉粉丝，自己是做营销的，否则粉丝就会对你产生很强的戒备或者反感心理。

反过来说，如果在进行短视频营销的初期，粉丝都不知道你的营销目的，那么你就可以像朋友一样通过短视频为粉丝讲解与自己的产品相关的小知识，或者通过短视频给粉丝带来娱乐与放松，久而久之，粉丝就会对你产生信任，这时候再开始慢慢从单纯的短视频过渡到营销，就更容易被粉丝所接受。

当然，让粉丝接受你的前提是，你制作的视频足够优质，能够打动粉丝的心，这样粉丝才会对视频中营销的产品产生信赖，并生出购买的欲望。

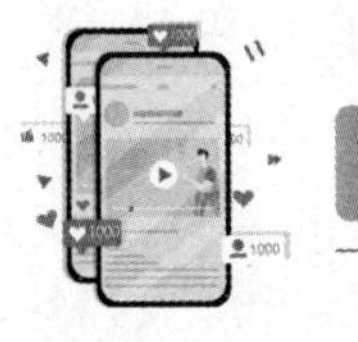

出彩营销

从微信公众号到电商平台

有这样一个专做服饰穿搭技巧知识的公众号，在刚开始的时候，这个公众号每天都会发布各种关于穿搭技巧的短视频，里面的知识非常实用，吸引了各个年龄段的女性观看。这样过了一段时间，关注该公众号的粉丝很快就超过了十万，于是公众号的运营者开始着手建立自己的服饰店。再后来，生意越做越大，运营者又在网上创立了自己的电商平台，销售业绩也是非常可观。

就这样，这个微信公众号的运营者从一开始单纯做短视频为观众分享穿搭知识，俘获了一大批粉丝的喜爱，再逐渐发展成为服饰类的电商平台，其短视频营销策略非常成功。

吸引粉丝购买产品

如何吸引粉丝购买你推荐的产品呢？这里有几种方法。

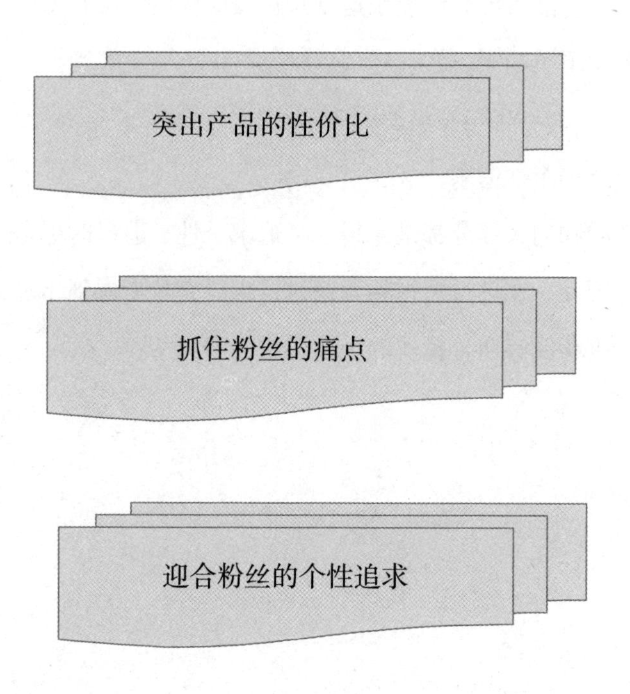

吸引粉丝购买产品的方法

突出产品的性价比

对于理性的消费者来说，买东西不在于价格的高低，而在于价格是否合理，用这个价格去买这件商品到底值不值。

因此，在短视频中向粉丝进行产品推荐时，一定要突出产品的性价比，可以将自己的产品与实体店产品的价格作对比，或者与其他品牌的产品价格作对比，也可以通过折扣的方式吸引粉丝购买。

抓住粉丝的痛点

抓住粉丝的痛点，其实也就是要着重宣传产品的功效，比如你想要推荐的是一个颈椎按摩器材，那么在视频中首先要演绎出颈椎不舒服会给人带来哪些烦恼，然后再介绍使用这款颈椎按摩仪后，会有怎样的变化，以此来吸引粉丝下单购买。

迎合粉丝的个性追求

在网上购物的大部分都是年轻人，追求个性、追赶时髦是这类群体的一大共性。因此，在进行短视频营销时，也要充分考虑到年轻粉丝的这一共性特征，推荐能够迎合粉丝的个性追求的产品。

6.4

终极营销，促进流量变现

6.4.1 补贴变现

短视频创作者与短视频平台之间是相互依赖、共生共荣的关系，而平台补贴既是短视频创作者获得盈利的有效方式，也是平台吸引短视频创作者投放短视频（即将短视频创作者变成平台的内容生产者）的有效手段，这是一个双赢的过程。

从 2016 年开始，各大短视频平台就陆续推出了各种不同的补贴政策，主要以两种方式进行：一种是根据短视频创作者通过投放短视频而贡献的流量，每月直接发放现金进行结算；另一种是向短视频创作者提供站内流量的金额，使创作者可以借此推广自己的视频内容。

要想通过平台补贴变现为自己赢得更多的收益，需要做到这几点。

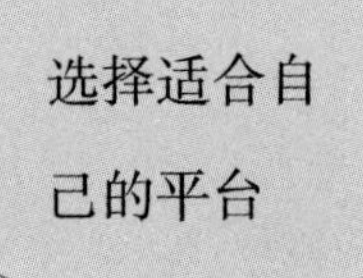

通过平台补贴变现赢得更多收益

选择适合自己的平台

每个短视频播放平台都会有自己的定位，比如有的侧重于搞笑类，有的侧重于娱乐八卦类，还有的侧重于情感类，同样的，每一位短视频创作者也有自己的定位。

因此，在选择短视频平台时，一定要考虑自己的视频内容与风格与该平台的定位是否匹配，不能因为某平台的受欢迎度高就盲目地奔向对方，而要考虑如果加入该平台，是否能为自己赢得更多流量。

为平台提供高质量的短视频作品

短视频平台之所以会与创作者合作，自然是看中了其作品的质量，只有短视频质量过硬，才能为平台吸引更多用户，带来更多流量。

同时，平台对创作者的补贴的力度也是与短视频质量直接挂钩的，如果拍摄的短视频足够优质，播放量够多，那么变现的效果自然也是显著的。

与平台签约独播

与平台签约独播，也就是让创作者的作品只在签约的平台独家播出，为平台赢得更强的市场竞争力，同时也可以为创作者赢得更多的补贴变现。

短视频创作者要想与平台签约独播，除了要能够持续不断地提供高质量的作品，还需要让平台看到自己身上存在足够的发展空间，这就需要创作者在短视频制作与营销方面投入更多的心思，不断追求进步。

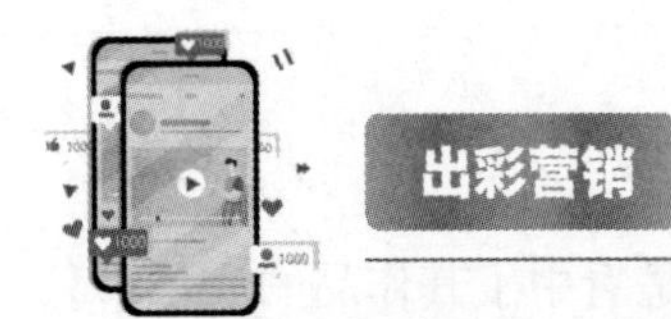

出彩营销

通过平台补贴变现获取红利

某创作者一直以来都专注于旅游短视频的拍摄，并经常在自己的微信公众号中发布自己的作品，其优质的内容吸引了一大批粉丝关注。

后来经过朋友的推荐，该创作者选择了一个与自己的内容风格相契合的短视频平台进行合作。由于内容质量过硬，他的视频在平台上线仅一个月就获得了300万次的播放量，并且在接下来的时间里，播放量还在持续增长，他也因此获得了巨大的平台补贴变现收益。

6.4.2 广告赞助

广告赞助是短视频营销常用的一种变现模式，能给短视频创作者带来很高的收益。广告赞助可以以很多种形式出现。

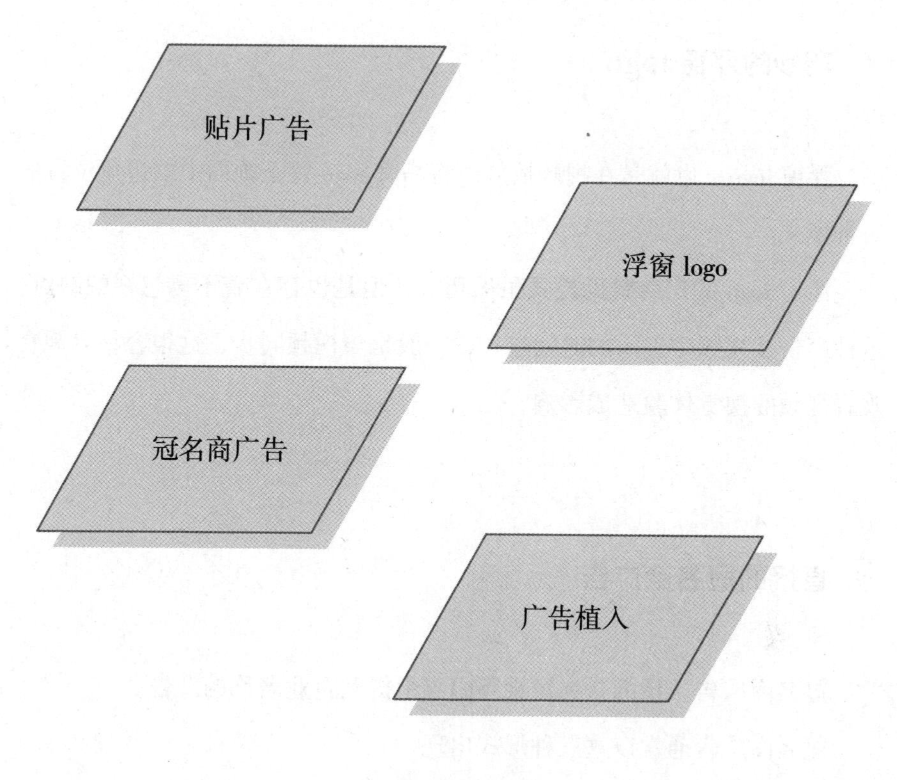

广告赞助的形式

片头或片尾的贴片广告

贴片广告是广告赞助的常用模式，也被很多视频平台广泛采用。

贴片广告是通过展示品牌来达到广告宣传的目的的，一般都置于短视频的片头或者片尾，广告与视频内容之间不再插播其他东西，因此很容易被人注意到。

巧妙的浮窗 logo

浮窗 logo，也就是在视频播放时将品牌 logo 置于画面中的边角位置的广告模式。

浮窗 logo 的广告赞助模式虽然巧妙，但是也存在着不可忽视的缺点，这种广告在视频中展示的时间过长，一般是与视频同步，这很容易对观众观看视频的视觉体验造成影响。

直接的冠名商广告

冠名商广告，指的是在短视频内容中提到企业名称的广告。

冠名商广告通常以这三种形式出现。

片头字幕：本节目由 ×××（独家）冠名播出

视频中的人物开场白：欢迎大家来到由 ×××（独家）冠名播出的……

片尾字幕：特别鸣谢 ×××

相较于其他的广告赞助形式来说，冠名商广告直接而生硬，目前在短视频领域应用得并不多。

形式多样的广告植入

广告植入，也就是将短视频内容与广告相结合，可以分为“硬广告”和“软广告”。

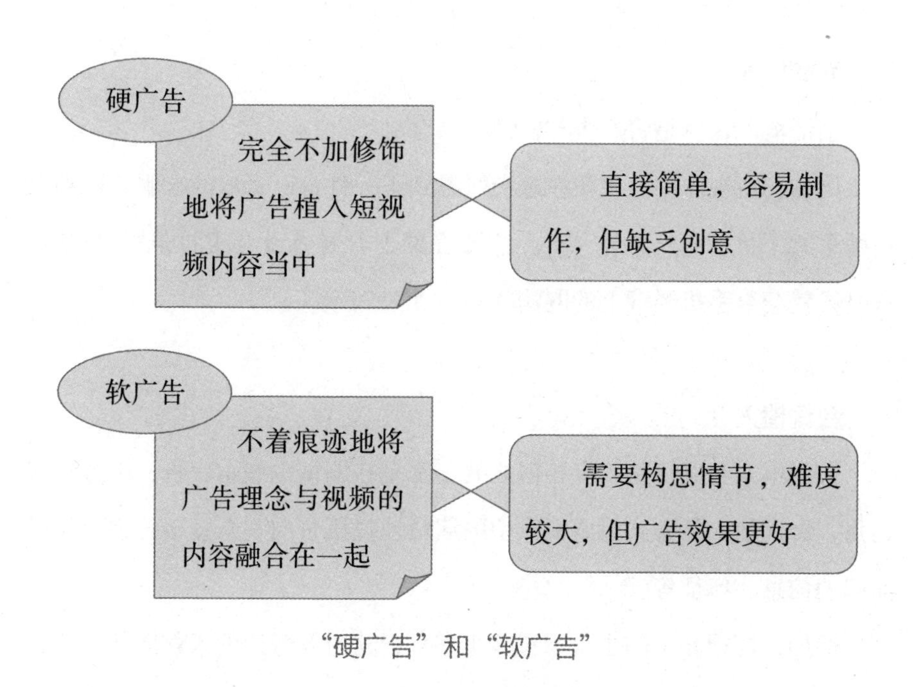

“硬广告”和“软广告”

除了笼统地分为硬广告和软广告，短视频中的广告植入还可以细分为多种形式。

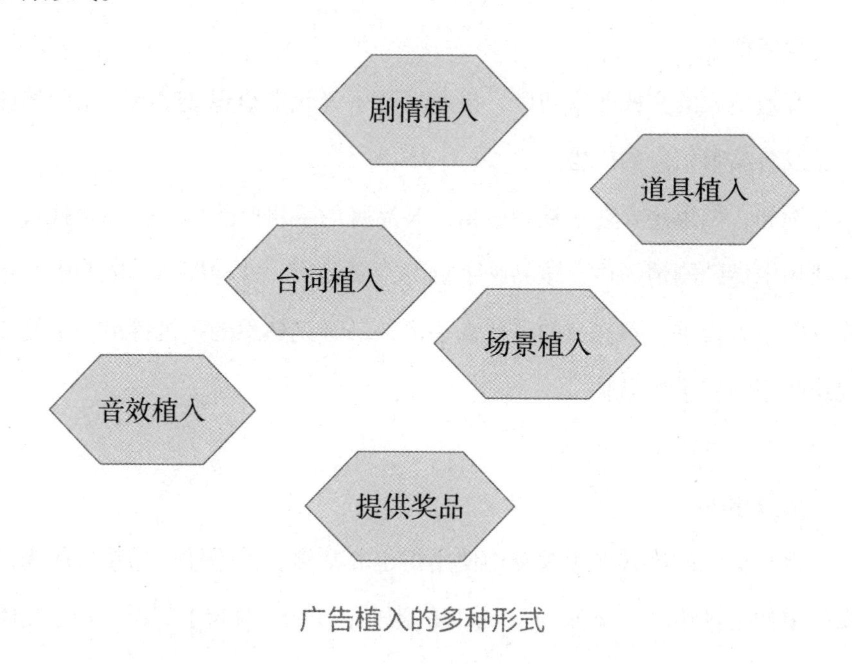

广告植入的多种形式

剧情植入

剧情植入，就是将广告与剧情相结合。

例如，短视频中的主角在逛街时看到了一件自己喜欢的衣服，回到家后她拿起手机，打开网购 App，想要在网上看看有没有相同样式的衣服，这时候就会给手机屏幕上的网购 App 一个特写镜头。

台词植入

台词植入与剧情植入有相似之处，都是在剧情中展示广告，不过不同的是，台词植入的方式需要视频中的演员通过语言向观众直接传递商品或品牌的信息、特征等。

例如，短视频中的主角想买些小零食，这时候旁边的人就向他推荐了某某品牌的零食："我最近发现 ××× 家的零食真的很好吃……你也试试吧！"

音效植入

音效植入的方式非常巧妙，是通过音乐等元素给观众暗示，从而传递产品或者品牌信息的广告。

例如，如果想要在短视频中植入某品牌的手机产品广告，那么就可以在视频中借助剧情播放出该品牌手机的专属铃声，这样即使从镜头中并不能看出主人公手上到底拿的是什么手机，一听到熟悉的手机铃声，也能使观众联想到该手机品牌。

道具植入

道具植入的方式在短视频中使用得也非常多，就是让产品直接作为短视频中的道具出现，例如 ×× 品牌的泡面，×× 品牌的牛奶，×× 品牌的电视机等。或者也可以在抱枕之类的道具上印上品牌 logo。

场景植入

场景植入，也就是在短视频场景中出现标志性的建筑或者商家牌匾等，使观众一看就会联想到相关品牌。

提供奖品

很多短视频在内容中会出现与粉丝的互动活动，往往会采用抽奖的方式来进行，这时候就会展示奖品的品牌信息，这就是以提供奖品的方式来进行广告植入。

6.4.3　线上造势，线下促购

在短视频中推销自己的产品或者品牌，然后通过实体店的促购来实现流量变现，这就是所谓的线上造势，线下促购。

线上造势，线下促购的变现方式是当下最流行的短视频变现方式之一，通过短视频积累的粉丝，可以为线下的产品销售带来极高的人气，大大增加实体店的销售额。

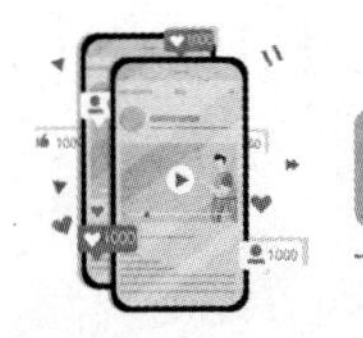

出彩营销

通过实体店实现变现

某短视频创作者每天都在账号上发布一些美味小吃的视频，吸引了一大批粉丝观看。该创作者其实是一家小吃店的老板，每次他在网上发布了一种小吃的相关视频之后，都会在视频末尾告诉粉丝，近期店里的这款小吃正在进行打折促销，吸引了很多网上的粉丝去实体店购买，使短视频创作者实现了流量变现。

6.4.4　特色转化变现

除了通过平台补贴、广告赞助以及实体店促销等直接变现的方式之外，还可以通过特色转化的方式来进行流量变现，主要包括推销短视频创作课程、售卖短视频周边支持产品以及拍摄与短视频相关的网络电影等。

推销短视频创作课程

网络时代，人人都可以在网上发布自己拍摄的短视频，但是专业的短视频创作与后期的剪辑却是很多人都不会的，而要想制作出精美的短视频作品，这些知识与技能都是必备的。

正因为如此，有很多在网上比较火的短视频创作者就开始利用短视频创作课程来进行流量变现，向粉丝教授自己的创作经验与制作方法，由于这些创作者已经在这一领域取得了有目共睹的成功，因此他们的课程自然会受到很多粉丝的追捧，从而获得变现盈利。

售卖短视频周边支持产品

短视频周边支持产品，其实就是指将短视频中的内容（尤其是角色内容）设计成实体产品。

这种变现方式主要适用于动画类的短视频，当这部短视频走红网络之后，里面的角色自然也得到了广大粉丝的喜爱，这时候如果将这些角色做成玩偶娃娃、小挂坠、小摆饰等，一定会吸引很多人前来购买，从而实现流量变现。

拍摄网络电影

当一部系列短视频在网上成为爆款，获得了广泛的关注之后，创作者就可以通过拍摄同系列的网络电影来实现流量变现了。从系列短视频作品到网络电影，不仅让视频的内容更丰富、更能吸引受众，也形成了一种新的广告承载形态，让视频有机会展现广告内容，如此融合受众、广告商的不同需求，为短视频转化变现创造了可能。这种特色转化的变现方式盈利异常丰厚，但对创作者的能力要求也非常高，除了要有杰出的创作能力，还要有一定的人脉、资金来支持电影的拍摄与制作。

参考文献

[1] 童海君，陈道志 . 商品摄影与短视频：策划、制作与运营 [M]. 北京：电子工业出版社，2020.

[2] 郑昊，米鹿 . 短视频：策划制作与运营 [M]. 北京：人民邮电出版社，2019.

[3] 头号玩家 . 零基础玩转短视频 [M]. 天津：天津科学技术出版社，2019.

[4] 江中原 . 抖音这么玩更引流：全彩图解版 [M]. 北京：金城出版社，2018.

[5] 陆芳，刘广等 . 数字化学习 [M]. 广州：华南理工大学出版社，2018.

[6] 邱如英 . 抖音头号玩家：抖音短视频运营·百万粉丝·电商引流·社交变现全攻略 [M]. 广州：广东经济出版社，2019.

[7] 李维 . 短视频营销 [M]. 北京：中华工商联合出版社，2020.

[8] 营销铁军 . 短视频营销 [M]. 天津：天津科学技术出版社，2020.

[9] 谭静 . 短视频营销与运营实战 108 招，小视频大效果 [M]. 北京：人民邮电出版社，2019.

[10] 福蕴 . 爆款文案写作训练手册 [M]. 北京：北京理工大学出版社，2019.

[11] 苏航 . 文案创作与活动策划从入门到精通 [M]. 北京：人民邮电出版社，2018.

[12] 向登付 . 短视频：内容设计 + 营销推广 + 流量变现 [M]. 北京：电子工业出版社，2018.

[13] 李俊佐 . 短视频的兴起与发展 [J]. 青年记者 . 2018，（5）：95-96.

[14] 艾瑞 .2017 年中国短视频行业研究报告 [R]. 上海艾瑞市场咨询有限公司，2018-1-5.

[15] 张霄，李湘 .2017 年短视频行业大数据洞察 [R]. 第一财经商业数据中心，2017-9-6.

[16] 新浪 VR.2019 年上半年中国短视频行业报告：短视频用户规模超 8.5 亿 [EB/OL].vr.sina.com.cn，2020-3-16.

[17] 侯艺松 . 短视频语境下央视《新闻联播》的突破与发展 [EB/OL]. https://www.fx361.com/page/2020/0513/6655851.shtml，2020-05-13.

[18] 什么才是真正的用户画像？[EB/OL].https://zhuanlan.zhihu.com/p/88532389，2019-10-25.

[19] 什么是用户画像？该怎么分析？[EB/OL]. https://blog.csdn.net/xiaolong_4_2/article/details/80879337，2018-07-03.

[20] 什么是用户画像？怎么构建用户画像？[EB/OL]. https://zhuanlan.zhihu.com/p/30583646，2017-12-05.

[21]《2020 年抖音用户画像报告》[EB/OL]. https://blog.csdn.net/weixin_38753213/article/details/109019963，2020-10-11.

[22] 巨量算数：2019 年 6 月西瓜视频用户画像 [EB/OL]. http://www.199it.com/archives/934879.html，2019-9-19.

[23] 西瓜视频：优质视频平台的炼成 [EB/OL]. https://baike.baidu.com/reference/20843304/ecb4VBV1EGjoBNtd839ANjXNSHk5gWQHRyQgS1Jel_R0aMwNjd3OiSg3nkYO1I0EtHy9G_GPJup_rGv8tWOKKkoaMRJgFqJgq_Sv50k，2021-4-15.

[24] 孙奇茹 .25 家央企入驻抖音 [EB/OL].http://it.people.com.cn/n1/2018/0607/c1009-30041182.html，2018-6-7.

[25] 腾讯网 .《2020 抖音数据报告》完整版！[EB/OL].https://new.qq.com/omn/20210108/20210108A08RWB00.html，2021-1-8.

[26] 中国新闻网 .2020 快手内容报告：平均月活跃用户为内容创作者的比例约 26%[EB/OL]. https://baijiahao.baidu.com/s?id=1691925539094794440&wfr=spider&for=pc，2021-2-17.

[27] 传媒内参 . 抖音快手发布 2018 大数据报告，两大短视频平台总日活已超 4 亿 [EB/OL]. https://www.sohu.com/a/293089275_351788，2019-2-2.

[28] 快手与京东战略合作，直播买货无需跳转 [EB/OL]. 新浪科技 . https://tech.sina.com.cn/roll/2020-05-26/doc-iirczymk3687643.shtml，2020-5-26.